ドローンビジネスレポート
U.S. DRONE BUSINESS REPORT

共同創業者 CEO
小池 良次 著
Ryoji Koike

アエリアル・イノベーション
Aerial Innovation,LLC

内外出版社

はじめに

　本書は商業ドローンを使った新サービスやコストダウンを、欧米の最新ビジネス・モデルから分析していきます。現在の商業ドローン業界は、自動車の黎明期に似ています。「ドローン」は発明されたのですが、飛ぶべき空路や飛行ルールがないのです。

　1900年代初頭、ヘンリー・フォード氏が大量生産技術を発明し、自動車は金持ちの『高価なおもちゃ』から『大衆の乗り物』に生まれ変わりました。

　しかし、米国で自動車が家内制手工業から産業に成長したのは、州政府や連邦政府が道路整備に力を入れたためです。特に、1921年の「連邦ハイウェイ整備支援法（The Federal Aid Highway Act）」により、州を超えて全米を結ぶ高速道路も整備されていきました。

　それまで人々は、遠くにある学校や病院に行くことができない不便に甘んじていました。しかし、誰でも車を手にすることで、遠くの学校に通学し、急病に苦しむ人を病院に連れて行きました。物流産業が成長し、人々は安く豊富な品物を手に入れます。車の大衆化は産業全体を活性化させました。人々は初めて「移動の自由」を謳歌したのです。

　商業ドローンの登場により、空のビジネスも一般企業が利用できるようになりました。あと数年もすれば、だれでもリモートセンシング精密農業や橋・線路のインスペクション（点検）、そしてドローン宅配などを安全に利用するでしょう。時代はすべての人や企業が「空の自由」を謳歌できる方向に向かっており、大きなビジネスチャンスが広がっています。

U.S. DRONE BUSINESS REPORT
ドローンビジネスレポート
✕ CONTENTS

003 **はじめに**

010 # 第1章
本レポートを読むための基礎知識

1-01：UAV、UAS、sUAS の定義

1-02：ドローンは空飛ぶロボット

1-03：娯楽用マルチローター

1-04：業務用マルチローター

1-05：業務用フィックス・ウィング

1-06：中・大型業務用ドローン

1-07：高々度ソーラードローン

1-08：ドローンシステムの基本構成要素

1-09：テレメトリー／オートパイロット

1-10：地上操縦システム（GCS）／ミッションプランナー

1-11：商業ドローンの運行規制

1-12：ドローンのインフラについて

1-13：NASA-UTM （ドローン管制システム）

040 **第2章**
ドローン・ビジネスが抱える難題とは

2-01：ドローンの可能性と現実
2-02：視野外飛行の壁を乗り越える
2-03：空港の近くで商業ドローンを飛ばす
2-04：頭上飛行を実現する取り組み
（コラム1）ドローンに関する衝突実験
2-05：ドローン・セキュリティーとリモートID

066 **第3章**
ドローン・ビジネスのエコシステム

3-01：3つの革新技術について
3-02：商業ドローン産業は管制インフラが必要
3-03：商業ドローンのエコシステム
3-04：エレメント分析－安全運用／ガバナンス
3-05：エレメント分析－機体セキュリティー
3-06：エレメント分析－ネットワーク／データ・セキュリティー
3-07：エレメント分析－マルチ・ドローン・ユース
3-08：エレメント分析－ドローン・ネットワーク
3-09：エレメント分析－運用設備オートメーション
3-10：エレメント分析－アプリケーション・マーケット

094 **第4章**
ドローン配送のビジネス・モデル

4-01：商業ドローン・ビジネス・モデル

4-02：ドローン技術をインフラから考える

4-03：米アマゾンの狙うドローン配送

4-04：統合運行管理システムをめぐる官民の戦い

4-05：参入相次ぐドローン配送分野

4-06：ドローン配送の真価はコスト・ダウン

4-07：ドローン配送における直送モデル

（コラム２）アマゾンの突拍子もない特許

4-08：ドローン配送におけるトラック・モデル

4-09：ステーション・モデルを狙う DHL

4-10：固定翼ドローンを使う途上国モデル

130 **第5章**
**ドローン・インスペクションの
ビジネス・モデル**

5-01：商業ドローン検査のメリット

（コラム３）エアーガイとロボットガイ

5-02：サンディエゴ・ガス・アンド・エレクトリック（SDGE）

5-03：電力網点検のパイロット・プログラム

5-04：給電線ドローン点検のコスト優位

5-05：社内運用とアウトソース

（コラム４）二極化する商業ドローン

5-06：BNSF 社の大規模自動ドローン検査

152 第6章
さまざまなドローン・ビジネス・モデル

6-01：ウォールマートのドローン在庫管理システム
（コラム5）室内ドローン飛行の将来
6-02：ドローンを使ったヤードの在庫管理
6-03：潜在市場の大きいカウンター・ドローン
6-04：高性能カウンター・ドローン・システム
（コラム6）改造武装ドローンとレーザー砲防御
6-05：スワーム（編隊飛行）ドローン
（コラム7）スワーム・ドローンによる人工授粉？

178 第7章
ドローン・ビジネスの全体像

7-01：パッセンジャー・ドローンとは
7-02：渋滞が嫌なら空を飛べ
7-03：NASA の次世代航空機ビジネス
7-04：ウーバー・エレベートの概要
7-05：マルチモード都市交通システム
7-06：高々度ソーラー・ドローンの世界
7-07：参入相次ぐ高々度ソーラー

| 201 | **おわりに** |

| 巻末 | **拡大資料(1)〜(18)** |

| 付録 | **世界のドローン
関連企業・団体一覧** |

| 240 | **著者プロフィール** |

カバーデザイン：武田俊典
本文 DTP：BT2 デザイン事務所

009

第1章
本レポートを読むための
基礎知識

　本レポートは、商業ドローン・ビジネスに本格的に取り組むためのビジネス情報を満載しています。第1章では、同分野を理解するための基礎知識をまとめました。すでに、商業ドローン業界に詳しい方は本章を飛ばして、第2章「ドローン・ビジネスが抱える難題とは」に進んでください。

1-01　UAV、UAS、sUAS の定義

　ドローンの正式な名称は、UAS（Unmanned Aircraft System、無人飛行システム）で、FAA（米連邦航空局）は、その定義を以下のように定めています。

・ *a UAS as the unmanned aircraft (UA) and all of the associated support equipment, control station, data links, telemetry, communications and navigation equipment, etc., necessary to operate the unmanned aircraft.*
UAS は無人飛行機（UAV、Unmanned Aerial Vehicle）および、その運航に関わる機器、制御システム、データリンク、テレメトリー、通信、航行システムなどの総称。

・ *The UA is the flying portion of the system, flown by a pilot via a ground control system, or preprogrammed through use of an on-board computer, communication links and any additional equipment that is necessary for the UA to*

第 1 章　本レポートを読むための基礎知識

> *operate safely.*
>
> 無人飛行機（Unmanned Aircraft）とは、上空を航行するシステムの部分。パイロットが地上から操作するシステムや搭載コンピュータにより事前設定されたコースを航行するシステム、あるいは通信システムにより航行制御するシステムも含む。

あまり認知がなかった数年前には、俗称を含めさまざまな名称が使われていました。たとえば、「aerial torpedo（空の魚雷）」、「radio controlled vehicle（無線操縦機）」、「remotely piloted vehicle（遠隔パイロット機）」、「remote controlled vehicle（遠隔操縦飛行機）」、「autonomous controlled vehicle（自律制御飛行機）」、「pilotless vehicle（パイロットレス飛行機）」などです。

ただ、最近ではドローン（Drone）という名称が、世界的にも定着してきました。特に、日米では、総重量 25 キログラム（55 パウンド）以下を small Unmanned Aircraft System（略称 sUAS）と広く呼ぶようになっています。

ちなみに、ドローンとは古典英語で「雄蜂」という意味です。米ウォール・ストリート・ジャーナル紙によれば、「1935 年に英海軍が遠隔無人機をクイーン・ビー（Queen Bee：女王蜂）と呼んでいた。そこで、米軍は遠隔無人機を雄蜂にあたるドローン（Drone）と呼びならわした」と述べています。当時の遠隔無人機は遠隔で操作する複葉機のことで、大英戦争博物館（Imperial War Museum）には、1941 年にチャーチル首相がクイーン・ビーを視察した写真が残されています。しかし、これがドローンの起源かどうかは定かではありません。

U.S. DRONE BUSINESS REPORT

1-02 ドローンは空飛ぶロボット

ドローンには、軍事用から娯楽用まで多種多様なタイプがあります。軍事用ドローンには有人戦闘機を超えるサイズの大型機もあります。

軍事用大型ドローン（写真右[i]）は一般的に、地上のオペレーターが遠隔操縦で離着陸をおこないます。その後、一定の高さに入ってからは作戦地までオートパイロットで飛行し、作戦地に到着すると通信衛星や偵察哨戒機が通信を確保、再びオペレーターが操縦します。なお、最新の軍事ドローンでは自動離発着の導入が間近です。

米軍 MQ-1 ドローン（出典：脚注1参照）

米連邦陸軍は偵察用に、1メートル程度から手のひらに乗る超小型偵察用ドローンまで、さまざまなタイプを利用しています。また米陸軍では、作戦地で各種ドローンを運用するために必要な気象データを集めるドローン用気象専門部隊や、ドローン航空管制に必要な低空レーダーなどのシステム部隊も編成されています。

ICAO（国際民間航空機関）を筆頭に、国際機関や各国政府は大型ドローンを航空機と分類し、規制してきました。

一方、本書で扱う機体重量25キログラム（欧州では150キログラム）以下の小型無人機（small UAV、以下：小型ドローン）は、こうした航空機の規制対象ではありません。そこで各国政府やICAOなどの国際機関は、法律や条約を変更し、小型ドローン用の規制やスタンダード化を進めています。

なお、玩具が大半を占める250グラム（日本は200グラム）以下を超小型ドローン（micro UAV）と俗称します。超小型

第 1 章　本レポートを読むための基礎知識

ドローンでも、高性能なカメラや GPS（衛星利用測位システム）を備えた高度なものがあり、軽量なため墜落しても被害が少ないことから、米ニュース専門チャンネル・シーエヌエヌ（CNN）社などが、取材のために利用しようとしています。

　米ホワイトハウスや日本の首相官邸に墜落して話題になっているのは、娯楽用小型ドローンです。同タイプは大量に出回っていることもあり、世界各地で多数墜落しています。また、空港周辺などの飛行禁止区域に入り込む違法娯楽ドローンを規制するため、FAA（連邦航空局）は 2016 年 2 月からドローンの登録制度 ii) を導入し、取締を強化しています。なお、250 グラム以下の超小型ドローンは登録の対象外です。日本にはドローンの登録制度はありません。そのため娯楽用ドローンについては所有者などがわかりませんが、商業ドローンについては飛行免許を取得する際に、利用する機体情報を記載する必要があります。

　繰り返しますが、小型ドローンの重量規定では、娯楽用と業務用の区別がありません。25 キログラム以下の娯楽用ドローンでも業務に利用すれば、業務飛行用の免許が必要です。これは日本でも同様です。

　ドローンは搭載パソコン（オートパイロット）と制御プログラムを使って操縦します。そのため、機体の自動姿勢制御や予定された航路を自動的に飛行することが可能なほか、障害物を自動的に避ける機能なども搭載できます。

　つまり、操縦者から遠く離れても、自動的に飛行して決められた業務をおこなうことができる「空飛ぶロボット」です。一方、ラジコンはすべての操作を操縦者がおこないます。もちろん、操縦者から見えないところを飛行することはできません。

---

i) 出典：U.S. Air Force photo/Lt Col Leslie Pratt -
http://www.af.mil/shared/media/photodb/photos/081131-F-7734Q-001.jpg
ii) 米ドローン登録制度は、ホビー関係者との裁判に負けて、一時運用が危ぶまれていました。
しかし、17 年 11 月に連邦議会で可決された「The National Defense Authorization Act」
により、再び規制が有効となりました。

U.S. DRONE BUSINESS REPORT　　013

1-03 娯楽用マルチローター

　ドローンといえば、胴体の回りに4つプロペラが付いたタイプを思い浮かべることが多いでしょう。これをマルチローターと呼びます。

　娯楽用のトップベンダーは、中国ディージェイアイ（DJI：Dà-Jiāng Innovations Science and Technology Co., Ltd：大疆創新科技有限公司）です。

　同社のプロシューマー向けファントム・シリーズは、高い飛行性能と低価格を武器に、空撮などの分野で市場の約6割を押さえていると推定されています。同社はより小型で高性能な空撮ドローンの開発に力を入れており、「空飛ぶカメラ・メーカー」とも呼ばれています。

　つい数年前まで同ディージェイアイ社に対抗して、米国スリーディーロボティクス（3D Robotics）社や仏国パロット（Parrot）社が、娯楽／プロシューマ向けドローンで激しい競

娯楽用マルチローター	
推力	プロペラ（モーター）
エネルギー源	バッテリー
操縦方法	無線（無免許周波数）
操縦範囲	見通し距離（1～2キロメートル）
飛行時間	約20分～40分
飛行速度	約40マイル・パー・アワー（時速約65キロメートル）
積載重量	500グラム前後
その他	中国ディージェイアイ社やユニーク社、仏国パロット社などが市場をリード。ソフトウェア開発環境を提供し、搭載アプリケーションの拡大を進める。

（出典：DJI、sUAS News、アエリアル・イノベーション）

第1章　本レポートを読むための基礎知識

争を展開していました。

しかし、販売不振からスリーディーロボティックス社は2017年に主力機「ソロ（Solo）」の販売終了に追い込まれ、現在法人向けドローン・ソフトウェア分野へ転身して再建中です。またディージェイアイ社との価格競争に苦戦するパロット社も、17年10月に農業などに使うリモートセンシング技術に強い新機種を発売し、業務分野の事業強化を進めています。

最近、米国では小型マルチローターを使ったドローンレースも人気が高まっています。16年、ディズニー（Walt Disney）社傘下のスポーツ専門チャンネル、イーエスピーエヌ（ESPN）社が、ドローンレースのテレビ中継を始めて急速に注目を集めており、米国では「将来、ナスカー・レースに並ぶ人気を得るのではないか」と言われています。

こうしたドローンレースでは、搭載したカメラの映像をビデオ・ゴーグルで見ながら操縦できるため、自分がパイロットとして乗っているような気分が味わえます。これをファーストパーソンビュー（FPV：First Person View）と呼びます。

エプソン社のFPV用ゴーグル
（撮影：筆者）

U.S. DRONE BUSINESS REPORT　015

1-04 業務用マルチローター

　小型ドローンは現在のところ重量が 25 キログラム以下であることだけで、機体性能や装備による制約はありません。

　米国では 2016 年 8 月から施行された小型ドローン用飛行免許規制（Part 107）に則って飛行許可を得ているものは、すべて業務用ドローンとなります。

　一方、総重量 25 キログラムを超えるドローンは、中型あるいは大型ドローンの規定に従わなければなりません。

　たとえば、日本で農薬散布に広く利用されているヤマハ発動

業務用マルチローター

推力	プロペラ（モーター）
エネルギー源	バッテリー / 水素燃料電池、各種エンジンなど
操縦方法	無免許周波数
操縦範囲	見通し距離（1〜2 キロメートル）、技術的にはオートパイロットで視界外飛行も可能だが、特別免許が必要
飛行時間	約 30 分〜40 分、実験段階のハイブリッド UAS では 2 時間程度
飛行速度	規制上、最高速度は時速 100 マイル（時速 160 キロメートル）まで
積載重量	5 キログラム前後。最近では 200 キログラム程度を持ち上げるヘビー・ローダーもある（特別免許が必要）
積載機器	カメラ / ビデオ（可視光、赤外線など）、センサー（ガス / ケミカル・センサー、放射線）、LiDAR（レーザースキャナー）、電波レーダー、貨物コンテナなど

（出典：アエリアル・イノベーション）

第 1 章　本レポートを読むための基礎知識

機社の無人ヘリコプター「RMAX ／ FAZER」は、25 キログラムをはるかに超えます。同機は 2015 年に、FAA（連邦航空局）から飛行免許を得て以来、北サンフランシスコのナパ地区でワイン畑の農薬散布に利用されるなど、米国でもサービスが始まっています。

　ヘリコプターのようにプロペラがひとつしかないタイプをシングルローターと呼びます。一方、複数のプロペラを持つタイプをマルチローターと呼びます。シングル・ローターは複雑なローター機構を持ち、操縦も複雑です。一方、マルチローターは複数のモーターの回転速度を変えるだけで高度な飛行が可能なため、遠隔操縦が簡単で、オートパイロットによる自動操縦も容易です。

　こうした特徴からマルチローターは、人命救助などの公安サービス、映画撮影などのエンターテインメント、橋梁やパイプライン、ソーラー発電パネルなどの産業設備検査、精密農業用リモートセンシング、気象観測、配送サービスなど、利用範囲が多岐にわたっています。

　なお、日本における商業ドローンの運用規制も総重量を 25 キログラム以下と指定している点は同じで、日米における小型ドローン規制はよく似ています。規制については後ほど詳しく述べます。

1-05 業務用フィックス・ウィング

一般にドローンと言えばマルチローターを指すことが多いのですが、長時間飛行が可能なことから固定翼ドローン (Fix Wing Drone) も業務用に多用されています。

Flexrotor （出典：同社ホームページ）

たとえば、アエロベル (Aerovel) 社が開発した「Flexrotor」（写真上）は最高時速が85キロメートル、全長2メートル、翼幅3メートル、総飛行重量が20キログラムの固定翼ドローンです。小型ガソリン・エンジンで40時間程度の連続飛行ができ、航続距離は計算上約

業務用フィックス・ウィング

推力	プロペラ（モーター、各種エンジン）
エネルギー源	バッテリー、燃料電池、太陽電池、ガソリン
操縦方法	無免許周波数、衛星信号、ほか
操縦範囲	数キロメートル〜数百キロメートル、オートパイロットで視界外飛行も可能だが、特別免許が必要
飛行時間	平均数時間
飛行速度	規制上、最高速度は時速100マイル（時速160キロメートル）まで
積載重量	数キログラム
積載機器	カメラ/ビデオ（可視光、赤外線など）、センサー（ガス/ケミカル・センサー、放射線）、LiDAR（レーザースキャナー）、電波レーダー、貨物コンテナ、など

（出典：アエリアル・イノベーション）

第 1 章　本レポートを読むための基礎知識

3,400キロメートルになります。これはサンフランシスコとハワイの間を無給油で飛行できる距離で、同社は気象観測などだけでなく、沿海漁業における魚群探査などの新用途を模索しています。

固定翼ドローンの歴史は長く、1998年、固定翼ドローンの「アエロソンデ（Aerosonde）」は世界で初めて大西洋横断に成功しています。同機の開発者であるテッド・マクガイアー（Tad McGeer）氏は92年にシリコンバレーでインシツ（The Insitu group）社を設立し、自宅のガレージで商業アエロソンデの開発に成功しました。

商業ドローンのパイオニアである同氏は、UAS業界のスティーブ・ジョブズとも称されています。

アエロソンデは2001年にUAVによる初めてのハリケーン観測に成功し、05年には熱帯性サイクロンの目に侵入して気象データを初めて収集しています。アエロソンデ・シリーズは、過去25年以上もNASA（米連邦航空宇宙局）およびNOAA（アメリカ海洋大気庁）で利用されています。テッド・マクガイアー氏はその後インシツ社を売却し、アエロベル社のエグゼクティブとして現在も活躍しています。ちなみに、インシツ社は紆余曲折の末、現在はボーイング（Boeing）社の傘下となり、国境警備などの高度なドローン運用を提供しています。

一方、中型ドローンのバニラ・エアークラフト（Vanilla Aircraft）は17年10月、5日間、7,000マイル（約1万1,256キロメートル）の連続飛行に成功しています。

そのほか、フランスのドローン大手デルエアー（Delair）社の固定翼（写真右）は、約2時間の広域飛行ができるため、精密農業や地図作成、電力線検査、災害対策など、世界80カ国以上で利用されています。

Delair社の固定翼ドローン
（撮影：筆者）

U.S. DRONE BUSINESS REPORT　019

1-06 中・大型業務用ドローン

近年は小型ドローンの開発が盛んですが、欧米では昔から大型ドローンの開発が活発でした。このタイプは一般的に OPA (Optionally Piloted Aircraft) または RPAS (Remotely Piloted Aircraft Systems) と呼ばれています。RPAS は航空機の一種と規定されており、国際航空規制をおこなう国連機関 ICAO でさまざまなスタンダードや運用規定が定められています。

最近航空機大手のボーイング (Boing Commercial) 社に買収されたオーロラ (Aurora Flight Sciences) 社は、「Aurora (写真下)」を開発しました。これは普通の小型飛行機 (二人乗り) に遠隔操縦のパイロット・ロボットを搭載したものです。15 年 6 月か

Aurora　（出典：同社ホームページ）

らニューエアー (NUAIR：Northeast UAS Airspace Integration Research Alliance) の協力を得て実験飛行をしています。

ちなみに、ニューエアーはニューヨーク州政府が進める中部ニューヨーク (シラキュース地区) 産業振興プロジェクトの一環として、ドローンやロボットなどの無人システム産業の育成プログラムも進めており、将来、同地域は RPAS などの大型ドローンの研究開発が進むと予想されています。

このほか、シンギュラー (Singular Aircraft) 社の「FLYOX I」も大型商業ドローンです。全長約 12 メートル、翼長 14 メートル、高さ 3.6 メートルの水陸両用機で、機体重量は 1,750 キログラムに達します。最大積載重量は 2 トンで、地上のオペレーション・センターからパイロットがリモートで操縦します。森林火災の消火などへの利用が期待されています。米国では、こうした大型無人機の実用化にも力を入れています。

1-07 高々度ソーラードローン

　小型商業ドローンは、一般に高度約 140 〜 150 メートル以下（400 〜 500 フィート）の低い空域を飛行します。また、中・大型ドローンは多種多様ですが、600 メートル（2,000 フィート）から 9,000 メートル（30,000 フィート）を飛行します。

　一方、最先端分野として期待されているのが一般旅客機よりもさらに高い 9,000 メートル以上の高さを飛行するドローンです。商用化にはまだ数年かかると予想されていますが、これを高々度ドローン（HALE UAS）と呼びます。この高さは、低軌道衛星と飛行機の間に当たり、高々度ドローンは通信衛星やリモートセンシング衛星の代わりになると注目されています。

　高々度では常に太陽光が得られることから、太陽光パネルで発電しながら、数ヵ月レベルで長期間飛行するソーラードローンが適しています。この分野では米フェースブック（Facebook）社の「アクイラ（Aquila）」や仏エアバス（Airbus）社の「ゼーファー（Zephyr）」などが開発競争を展開しています。

　ちなみに、米グーグル（Google）社も最近まで「タイタン（Titan）」という高々度ソーラー・ドローンの開発を進めていましたが、商業化が難しいということで開発を打ち切りました。

Facebook 社 Aquila
（出典：同社ホームページ）

　米フェースブック社の「アクイラ（写真左）」は、16 年 6 月末初飛行に成功しました。将来、ブロードバンドが整備されていない地域で、長期間上空にとどまり、地域にブロードバンド・サービスを

提供する予定です。

　アクイラは直径10キロメートルで周回飛行し、上空18キロメートルから27キロメートルの間で滞在します。

　フェースブック社はイーロン・マスク氏が率いるスペースエックス（Space X）社を使って超小型低軌道衛星を打ち上げる計画も進めており、マイクロサテライトと高々度ソーラー・ドローンによる独自のブロードバンド・サービスを実現しようとしています。同社はブロードバンドが整備されていない地域にサービスを提供すると述べていますが、技術的には人口密集地でのサービスも提供でき、通信事業者との競争も予想されています。

　一方、エアバス社の「ゼーファー（Zephyr）」は英国防衛省が、2017年から実証実験をおこなっています。同機は、戦地でGPSの代わりに、測位システムとして利用する予定です。高々度ソーラー・ビジネスについては、第7章で詳しく分析します。

ドローン・ビジネス・イメージ

（出典：アエリアル・イノベーション）

※巻末－拡大資料（1）参照

第 1 章　本レポートを読むための基礎知識

1-08 ドローンシステムの基本構成要素

　次に、ドローンの基本技術について簡単に説明します。商業あるいは娯楽用のドローンは、基本的に大きく 3 つの要素に分かれます。

1. 飛行する機体 （UAV：Unmanned Aircraft Vehicle）

- ・エアーフレーム （Airframe）
- ・リモコン RX （Remote Control RX） / テレメトリー （Telemetry TX/RX）
- ・エレクトリック・システム （Electrical System）
- ・オートパイロット （Flight Controller、Autopilot）
- ・センサー （Sensors）
- ・駆動制御機器 （Maneuvering Controls）
- ・推進機器 （Propulsion）
- ・ペイロード （Payload）

2. 地上操縦システム （GCS：Grand Control Station）

- ・デバイス （Interface Devices：Laptop、Tablet、etc.）
- ・テレメトリー （Telemetry TX/RX）
- ・リモコン　TX （Remote Control TX）
- ・ペイロード制御機器 （Payload Interface Equipment）
- ・パワー （Power Source）

3. その他付帯システム （Other Support Systems）

- ・発進、着陸用機材 （Launch and Recovery Equipment）
- ・保守システム （Maintenance Equipment）
- ・アプリケーション （Application）
- ・その他地上システム （ドローン管制システム、気象システム等）

U.S. DRONE BUSINESS REPORT　　023

エアーフレームはドローンのボディーで固定翼と回転翼に大きく分かれ、回転翼はシングルローターとマルチローター型に分かれます。また、機体の操縦法（Control Surfaces）から見ると、翼やプロペラのピッチ（角度）を変えるサーボ（Servos: Physical Control Surfaces）方式と、プロペラの回転速度を変えるエレクトリック（ESCs：Electronic RPM Control）方式に分かれます。

小型電動ドローンの場合、電気システムはPMU（Power Management Unit、パワー管理ユニット）、PDB（Power Distribution Board、パワー配分基盤）、BEC（Battery

機種別のドローン操縦機構				
機体のタイプ	操作機構	具体例		特徴
固定翼ドローン	サーボ機構による物理的な翼の操作	左旋回　補助翼	右旋回　補助翼	補助翼（Aileron）の機械的操作
シングル・ローター		右旋回　テールローター	左旋回　テールローター	テールローター（Tail Rotor）の機械的操作
マルチローター	エレクトロニック・ユニットによる電気制御	右方向移動　上昇	左方向移動　左右旋回	各モーターの回転数制御

（出典：アエリアル・イノベーション）

第1章　本レポートを読むための基礎知識

Eliminator Circuit、バッテリー平準化回路）に分かれ、電源にはリチウム・ポリマー・バッテリーがよく利用されます。マルチローター型はプロペラの回転数だけで進路や位置を制御するため、モーターに対し高度なパワー制御をおこないます。

　また、センサー類はGPS（衛星測位システム）のほか、コンパス、IMU（Inertial Measurement Unit/Accelerometer）、高度計（Pressure Altimeter）、距離計測（Range Finder：Sonar、LED、Video Camera、LiDAR、etc.）、速度計（Pitot Tube）、光学センサー（Optical Flow Sensor）などがあります。

　近年、マルチローターでは、機体の高度制御や衝突防止のためにカメラや超音波レーダー、電波レーダー、レーザー・レーダーなど多様なセンサーが活用されるようになっています。

　さらに商業ドローンでは、カメラの位置を保つジンバルやパラシュートなどの装備品も数多く出回っています。

U.S. DRONE BUSINESS REPORT　　025

1-09 テレメトリー／オートパイロット

　機体（UAV）と地上操縦システム（GCS）の間は無線通信を利用します。テレメトリー（Telemetry TX/RX）では、操縦信号に 2.4 ギガヘルツ、ビデオ信号に 5.8 ギガヘルツなどを利用します。2.4 ギガヘルツシステムの場合、伝送到達距離は一般に 1 マイル（1.6 キロメートル）程度で、6 チャンネル以上が普通です。

　テレメトリー用の周波数は、Wi-Fi などに利用される無免許帯（無線局の届け出を免除された周波数）を利用しており、欧州や米国、アジアなど各国によって違います。

　オートパイロット（ハードウェア）は、機体の電気システム、駆動システム、通信システム、ペイロード（カメラなど）などを制御するコンピュータ・ハードウェアです。たとえば、公益法人リナックス・ファウンデーションの DroneCode（オープンソース）で開発された Pixhawk（右ページ上）があります。これは DroneCode のドローン OS 開発チーム（ArduPilot group）と米スリーディーロボティックス（3D Robotics）社が共同で開発したハードウェアで、ドローン OS には ArduPilot

無免許周波数	用途
5.8 ギガヘルツ	ビデオ送信
2.4 ギガヘルツ	リモート・コントロール
1.3 ギガヘルツ	ビデオ送信、長距離リモートコントロール（1.3 ギガヘルツトランスミッタは 5.8 ギガヘルツより長距離伝送が可能だが、GPS の 1575.42 メガヘルツや 2.4 ギガヘルツと干渉問題があり、高度なフィルター搭載が必要）
915 メガヘルツ	欧州などでリモートコントロールに利用

第1章 本レポートを読むための基礎知識

オートパイロットと周辺機器

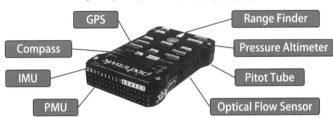

が使われています。オープンソースの ArduPilot はさまざまな機能を開発できますが、専門知識が必要です。

このほか中国ディージェイアイ社の開発したオートパイロットの「N3」なども商業ドローンで利用されています。同社のオートパイロットには、独自開発のドローン OS が搭載されており、高度なプログラムを組むために専用 SDK（開発者キット）も提供されています。

同社のオートパイロットはプロプライエタリー（独自仕様）でありながら、高度な機能を確保しており、運用面での安定性が高い特徴を持ちます。ArduPilot に比べ使い勝手が良い反面、

オートパイロットと周辺機器接続

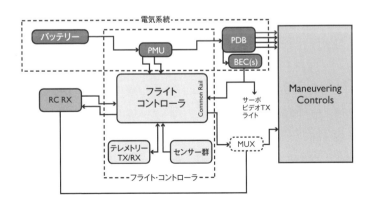

U.S. DRONE BUSINESS REPORT　027

独自仕様でログも取れないため高度な解析などができません。

　最近、オートパイロットの機能を補完するコンパニオンPC に大手が相次いで参入しています。たとえば、インテル（Intel）社は「Intel Aero Compute Board」を、エヌビディア（Nvidia）社は「Jetson TX1」を、クアルコム（Qualcomm）社は「Snapdragon Flight」をドローン向けとして提供し、高度な衝突防止や回避活動をおこなうために、深層学習（Deep Learning）アプリを搭載する開発が盛んです。

　現在は、フライトコントローラとコンパニオン PC はバスによってつながれています。しかし、ドローン OS が発展すれば、こうした衝突防止や回避活動などは OS 内に組み込まれてゆくことになります。

　また、ドローン OS の発展に従って、インテル社やエヌビディア社、クアルコム社は、高度なフライトコントローラを提供するようになるでしょう。

第1章 本レポートを読むための基礎知識

1-10 地上操縦システム(GCS)／ミッションプランナー

現在の規制環境（日米）では、ほとんどのドローン飛行は「見通し距離（VLOS：Visual Line of Sight）」に限定されています。そのため現在は、人がプロポ（リモコン）を使ってドローンを操作し、インスペクション（点検）や空撮などをおこなっています。

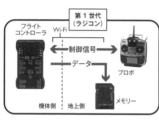

※巻末－拡大資料（2）参照

しかし、ドローンは「空飛ぶロボット」であり、安全が確保できれば人が操作する必要はありません。ドローンの飛行経路を制御するアプリケーションをミッション・プランナーと呼びます。このアプリを使って操縦者から見えないところを自動飛行することを「視野外飛行（BVLOS：Beyond Visual Line of Sight）」と呼びます。

ミッション・プランナー（ミッション・コントローラも同じ意味）は、地上からドローンを操作するコンピュータ・プログ

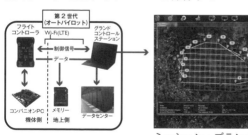

ミッション・プランナー

※巻末－拡大資料（2）参照

U.S. DRONE BUSINESS REPORT 029

ラムです。パソコンやタブレットにダウンロードするとともに、フライト・コントローラ側にもインストールします。

ミッション・プランナーをインストールした端末(パソコン、タブレット、スマホ)をグランド・コントロール・ステーション(GCS:地上操縦システム)と呼びます。

オペレーターは、ミッション・プランナーのマップを使って飛行経路を設定します。そのほか、空撮ではカメラの方向や撮影場所を設定します。高度なリモートセンシングでは、一定の割合で写真を重複撮影することで精度を高めます。最新のミッション・プランナーは、こうした業務目的に合わせて自動的にプランを生成するようになってきました。

ミッション・プランナーは、そのほか次のような分野で機能拡張が進められています。

① より高度な飛行制御とクラウド化
② 企業システムとの連携
③ 有人機飛行など、各種サービス情報の統合

第1章　本レポートを読むための基礎知識

1-11 商業ドローンの運行規制

　商業ドローンを運用するためには、各国の運行規制に従ってドローンの飛行免許を取得する必要があります。この運行規制は、ドローンの技術革新や利活用分野の拡大にともなって、徐々に改定されています。まず、米国の状況を説明しましょう。

　FAA（連邦航空局）は、2015年2月に実用的な商業ドローン規制の検討をおこない、約1年4カ月後、正式な規制ルールを発表しました。これが商業ドローン運用規制の14 CFR part 107（米連邦航空規制集14巻107項）で、俗称パート107と呼ばれています。

　通常、米連邦航空局が規制ルール（日本の省令に当たる）を作る場合2年以上かかるため、今回は異例のスピードでまとめられたと言われています。急いだ背景には、米商業ドローン業界の強い要請がありました。パート107の骨子は以下のとおりです。

FAA（連邦航空局）による商業ドローン規制ルール骨子
(2016/06/22)

1　本ルールの基本対象領域：収穫など農業監視／研究開発／教育・研究／山間部などでの電力・パイプライン検査／アンテナ等の検査／災害救助／橋梁検査／航空撮影／自然環境観察など。

2　小型商業ドローン（small UAS）は搭載物などすべてを含めて55パウンド（25キログラム）以下であること。

3　飛行エリアはVLOS（Visual Line-of-sight、視線の届く範囲）に限定する。

4　飛行は日中のみ。日の出、日没30分以内は衝突防止照明（3マイルから確認可能な照度を確保）を点灯していること。

5　飛行時、オペレーターのほかに「監視人（visual observer）」を置くことを推奨。（※規制案では監視人が必要要件だった）

U.S. DRONE BUSINESS REPORT　031

6 FPV（first-person view）は、衝突防止機能とは認めない。ただし、衝突防止機能を満たす付加機能をつければ認める。

7 最高速度は 100 マイル・パー・アワー（時速 160 キロメートル）以下とする。

8 最高飛行高度は地上から 400 フィート（121 メートル）まで。400 フィート以下の建物の上は飛行が可能。なお、400 フィート以上の構造物の場合、構造物から半径 400 フィート以内の飛行において構造物の上限から高さ 400 フィートまで飛行可能。（つまり 400 フィート以上の高層構造物の検査などが可能。作業員は別として、一般人の頭上を飛行できない）

9 飛行に際しての気象条件は、コントロール・センターから視界 3 マイル（4.8 キロメートル）以上。

10 雲から垂直に 500 フィート（152 メートル）以上、水平に 2,000 フィート（610 メートル）以上離れて飛行しなければならない。

11 飛行エリア Class B、C、D、E（飛行管制のクラス分け）内における飛行では ATC（Air Traffic Control、航空管制センター）の許可が必要。

12 飛行エリア Class G（700 〜 1,200 フィート、約 210 〜 365 メートル）の飛行は ATC（Air Traffic Control、航空管制センター）の許可は必要としない。

13 オペレーター（含む監視人）は、複数の sUAS を同時に操縦してはならない。飛行機の中からの sUAS 操縦も禁止。

14 人口過疎地を除いて、移動する自動車 / 船舶などの移動体からの sUAS 操縦は禁止。

15 汚染物 / 危険物の搬送に使ってはならない。

16 オペレーターは酒気帯び（BAC0.4％以上）で操縦してはならない。また、飲酒後 8 時間は操縦禁止。操縦に（心身的に）支障を起こす薬剤の使用禁止。

第1章 本レポートを読むための基礎知識

17 要件を満たすのであれば、米国以外で登録された sUAS でも part107（本飛行ルール）に則って飛行が可能。

18 飛行や機体性能に悪影響を及ぼさない限り、機体外部への積載用機器の搭載を認める。

19 オペレーターは 16 歳以上で英語で読み書きと会話ができること。

20 オペレーターはオンライン講座を受講し、FAA 公認試験にパスすること。すでにパイロット免許を取得しているものは、新たに免許を取得する必要はない。オペレーション免許は 2 年毎に更新。

21 オペレーターは TSA（Transportation Security Administration）の審査を通過すること。

22 FAA（連邦航空局）による商業ドローン機体の認可は必要なし。オペレーターの自己責任でドローンの安全確認、保守をおこなうこと。もし、sUAS メーカーが定期保守業務を提供する場合、それを受けること。

（出典：FAA〈連邦航空局〉の発表をもとにアエリアル・イノベーションが作成）

一方、日本では 2015 年 9 月に航空法の一部が改正され、同年 12 月 10 日からドローンやラジコン機などの飛行ルールが新たに施行されました。

対象は、「飛行機、回転翼航空機、滑空機、飛行船であって構造上人が乗ることができないもののうち、遠隔操作又は自動

※空域の形状はイメージ　※国土交通省ウェブサイトをもとに作成

※巻末－拡大資料（3）参照

操縦により飛行させることができるもの（総重量 200 グラム未満を除く）」です。飛行できる空域は、米国の 400 フィート（121 メートル）よりもやや高い 150 メートルまで認められています。

　小型商業ドローンの運用規制については、各国政府が独自にルールを定めています。ただ、欧州では現在 EASA（欧州航空安全機関）を中心に、域内全体を統合する小型商業ドローンの運用規制に関する議論が始まっています。

国土交通省による商業ドローン規制（2015/12/10）

1　2010 年の国勢調査の結果による人口集中地区の上空は飛行許可なく飛行禁止。（都市圏でのドローン飛行はほぼ許可が必要）

2　飛行は日中（日出から日没まで）に限る。夜間飛行は特別の認可が必要。

3　目視（直接肉眼による）範囲内で無人航空機とその周囲を常時監視して飛行させること。視野外飛行をする場合は特別の認可が必要。

4　人（第三者）又は物件（第三者の建物、自動車など）との間に 30 メートル以上の距離を保って飛行させること。

5　祭礼、縁日など多数の人が集まる催しの上空で飛行させないこと。

6　爆発物など危険物を輸送しないこと。

7　無人航空機から物を投下しないこと。

（出典：国土交通省の発表をもとにアエリアル・イノベーションが作成）

第1章 本レポートを読むための基礎知識

1-12 ドローンのインフラについて

　商業ドローンを使ったビジネスといえば、空を飛ぶ機体ばかりに目を奪われがちです。しかし、企業内ITシステムから見ると、ドローンはIoT（Internet of Things、IT機器間通信）システムやクラウド・サービスの末端デバイスに過ぎません。

　商業ドローンを使って業務の効率化や新サービスを狙うなら、クラウドまでのシステム全体で検討しなければなりません。つまり、商業ドローン事業を考える時、以下のようなクラウド・データセンターを含めた全体構成を頭に入れる必要があります。

ドローンビジネスの全体構成図

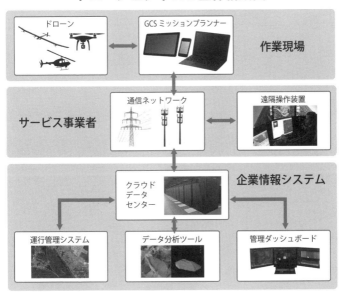

（出典：アエリアル・イノベーション）

U.S. DRONE BUSINESS REPORT　035

第1章
本レポートを読むための基礎知識

　たとえば、橋梁やビルの検査にドローン・カメラを使う場合、機体を手動で飛ばし、収集したデータはメモリーカードからパソコンに移され、現場でマップ情報などに処理されます。目視内飛行しか許されていない現状では、この方法が適切です。

　しかし、手動では定期検査ごとに毎回同じ位置やアングルでカメラを操作することは難しくなります。また、オペレーターのスケジュールなど、作業日程が左右されることもあります。複数のドローンを使った作業の分業化もできません。もちろん、ドローンを使って荷物を配送することも無理でしょう。

　そこで通信回線を使って遠隔からドローンを操作し、自動的に作業をおこなう「ドローン運用の自動化」が重要です。そのためには、上記のようなドローン用通信サービスや遠隔操作装置、運行管理システムなどのドローン・インフラが必要になります。

　たとえば、米アマゾン（Amazon）社は自社でドローンから運行管理システムまで構築し、オーストラリアで、スマートフォンを使ったドローンによる商品の自動配送試験を続けています。

　のちほど詳しく述べますが、商業ドローンの事故を憂慮して、各国の政府は視野内飛行しか認めていません。しかし、オペレーターから見えない場所で運用する「視野外飛行」ができなければ、ドローン運用の自動化は実現できません。

第 1 章 本レポートを読むための基礎知識

1-13 NASA-UTM（ドローン管制システム）

現在の商業ドローンは「車はできたが、走る道路がない」状態といえます。車は道路と交通信号、交通規則があって初めて産業インフラとして誰でも利用することができます。

ところが、高さ150メートル以下や夜間飛行の禁止などの規則があっても、商業ドローンには、道路や交通信号にあたるインフラがありません。これではドローンを使った大規模なサービスは実現できません。

その鍵を握るのが無人機用航空管制システム（UTM：Unmanned Traffic Management）です。日本語では無人機用運行管理システムと呼ばれています。

米国では、NASA（連邦航空宇宙局）エームスリサーチセンターを中心に、FAA（連邦航空局）、DoD（米国防総省）、DoH（国土安全保障省）が連携してUTMの開発を進めています。

2019年頃にNASA-UTMの開発が終わると、米連邦航空局が具体的な整備を進め、将来は有人機の管制システム（NATC）と統合されて、次世代航空管制システムの一部となる予定です。

NASA-UTMは、大きく民間が運用するUTMと政府が運用するUTMの2つに分かれています。

民間運用は、各ドローン運用事業者が飛行計画を立案する「個別運行管理システム」と「サポートサービス」から成り立ちます。

たとえば、米アマゾンが多数のドローンを使って配送計画を立て、順次ドローンを飛ばすためには運行管理システムが必要です。

同システムは、飛行計画を作るために事前に飛行禁止区域や気象条件、機体認証、有人との衝突防止などをチェックしなければなりません。そうした付帯情報を提供するのが、サポートサービス事業者です。サポートサービスは、地図情報（飛行禁止区域など）やリアルタイム気象情報などで、それぞれの分野

U.S. DRONE BUSINESS REPORT　　037

に強い民間企業が情報を提供します。

やや語弊はありますが、この運行管理システムとサポートサービスが民間版 UTM です。

一方、民間版 UTM は、飛行準備を終えると政府の「飛行免許認可サーバ（日本では統合運行管理システムと呼んでいます）」に電子申請をおこないます。この認可サーバには、さまざまな運行事業者から大量の電子申請が集中します。飛行申請内容に問題ないかどうかをチェックして、問題なければ飛行免許を発行します。これらの許認可はすべてコンピュータが電子的に短時間に処理します。

また、飛行するドローンの監視も UTM に付帯する機能です。将来、商業ドローン専用の飛行レーンなどが整備され、そこを

UTMの概念図

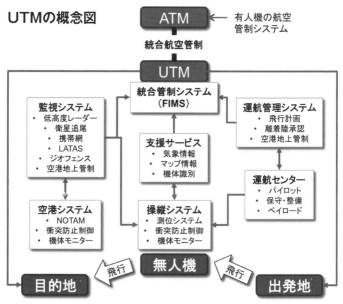

（出典：アエリアル・イノベーション）
※巻末ー拡大資料（4）参照

第1章　本レポートを読むための基礎知識

飛ぶ商業ドローンは、低空レーダーやモバイル・ブロードバンド（LTE/ 5G）などで、飛行状況を監視することになるでしょう。事故やテロなどを防ぐため、近辺を許可なしに飛ぶドローンには、オペレーターに警告を出したり、強制的に排除することが必要になります。

また、地震や火事、洪水などの災害が発生した場合、飛行中の商業ドローンに待機や緊急着陸を命じる必要があります。そうした公的処置を行使するための機能も、政府が運営するUTMが持つべきでしょう。

しかし、もっとも大きな課題は有人機管制システム（ATM:Air Traffic Management）との統合です。現在、空港がおこなっている航空管制は、管制官が飛行機をレーダー画面上で監視しながら、衝突防止を予測し、指示を出しています。

空港近辺は飛行禁止になっていますが、有人機管制エリア（空港近辺）に誤ってドローンが迷い込んだ場合、大きな事故が起こる可能性があります。空港の管制官は、ドローンが小さいためレーダーで見つけることはできません。そこで管制官に代わって危険を予知し、ドローン側だけでなく有人機のパイロットにも回避活動を警告することが重要になります。これが、UTMに期待される重要な機能です。

もちろん、ドローン同士が衝突する可能性もあります。しかし、大空に数千から数万台の商業ドローンが高速で飛び交う場合、政府が運営するUTMが衝突の予測計算をすることは不可能といえます。一般道路で車のドライバーがおこなっているように、ドローン同士が衝突回避をおこなう必要があります。つまり、ドローンに搭載した衝突防止システムに依存することになります。

U.S. DRONE BUSINESS REPORT　　039

第2章
ドローン・ビジネスが
抱える難題とは

本章のポイント

　企業がドローンを業務に活用しようとするとき、まずぶつかるのが「安全に飛ばせるのか」「どこでも飛ばせるのか」「セキュリティーは大丈夫か」といった問題です。

　本章ではまず、ドローン・ビジネスが抱えるこのような課題を解説します。

● 業務用ドローンの安全性について

● 視野外飛行の重要性と実現の可能性

● 飛行禁止区域（空港近辺など）を縮小する

● 頭上飛行の重要性と実現の可能性

● ドローン・セキュリティーとリモート ID の議論

　米国では、こうした課題を解決するためにさまざまな研究や開発、規制緩和が進んでいます。欧米を追う日本でも、早晩こうした欧米の動きを受けて、ドローン・ビジネスを本格化させることができるでしょう。

第2章　ドローン・ビジネスが抱える難題とは

2-01 ドローンの可能性と現実

　2017年10月。米国のネバダ州でAED（自動体外式除細動器）のドローン配送サービスの準備が始まりました。これは救急車などの指揮をおこなう緊急通報センター事業者レムサ（REMSA）社によるもので、配送ドローンはフライティ（Flirtey）社を利用する予定です。AEDは、発作で止まった心臓に電気ショックを与えて動き出させる装置のことです。

　米国では毎年35万件の心臓発作が報告され、米国人が死ぬ5大原因のひとつになっています。（米国心臓学会調べ）

米国における死亡(疾病)理由トップ5	
順位	死亡理由
1位	Heart disease（心臓病）
2位	Cancer（ガン）
3位	Chronic lower respiratory disease（慢性閉塞性肺疾患）
4位	Alzheimer（アルツハイマー）
5位	Stroke（心臓発作）

（出典：Centers for Disease Control and Prevention）

　心臓発作は、AEDが間に合わない場合、生存率が10％に留まっており、AED処置が1分遅れるごとに救命チャンスは10％ずつ低下すると言われています。一刻も早くAEDを届けることが大変重要となります。

　現在は救急車を使っていますが、その到着は現場までの距離や交通状況、出動要請回数などに大きく左右されます。一方、ドローンは地上の状況に関係なく現地まで直接飛行できるため、救急車よりも早くAEDを届けられると予想されています。

　レムサ社はネバダ州北部で、ドローン運行管理システムを同社の緊急対応用アプリケーションに統合する計画を進める一方、近隣の地域住民にドローンAED配送への理解を深めてもらう啓蒙活動も予定しています。

　このように商業ドローンは、従来不可能だった医療サービスを実現できる可能性を秘めています。また医療サービスだけで

U.S. DRONE BUSINESS REPORT　　041

なく、災害時の被害者捜索やアマゾン（Amazon）社が計画している商品配送など、ドローンは社会に多くのメリットを与えると期待されています。

しかし、そこには大きな課題があります。商業ドローンは一種の乗り物ですから「衝突」「墜落」の可能性を秘めているということです。法人事業者がドローン・ビジネスを考えるうえで、この課題を無視して事業計画を立てることは不可能です。

ちなみに、日頃私たちが旅行に利用する航空機も事故を起こします。しかし、その確率は2,940万分の1（全世界平均：出典 Statistic Brain）、俗に「80年間乗り続ければ、事故に遭遇する」と言われています。

すべての小型ドローンが飛行機並の安全性なら問題ないのですが、航空業界がそのレベルに達するまで約100年の歳月を費やしているように「安全・安心」は容易ではありません。

商業ドローンは有人機ほどの安全性に到達してはいませんが、こうした過去の経験を活かして安全性確保を進めています。入念な準備と確実な運用をすれば「現時点でビジネスに利用できる」段階に入っています。そこで欧米では、政府が積極的に商業ドローンの利活用を進めようとしています。

交通事故などに比べればはるかに発生件数は少ないとはいえ、ドローンの事故をニュースで聞いた方も多いでしょう。ただ、トラブルが頻発しているのは、ホビー用小型ドローンです。もちろん、玩具店で売っている重量250グラム（日本は200グラム）以下のドローンは墜落してもニュースにはなりません。

話題となるのは、重量が700グラム～2キログラム程度のプロシューマー・タイプ（プロ用とホビー用の中間機）と呼ばれている機体です。たとえば（執筆現在）、この分野で最もよく売れているディージェイアイ社のファントム・シリーズは非常に高性能です。最新のファントム4アドバンスは、7キロメートル離れても無線操作が可能となっています。

第2章　ドローン・ビジネスが抱える難題とは

　ドローンを飛ばしたことがある方はよくお分かりだと思いますが、大きさ約40センチメートルほどのファントムなら150メートルほど離れれば広い空の「小さな点」にしか見えません。遠隔操作可能とはいえ「7キロメートル」も離れてしまえば当然見えなくなってしまいます。搭載カメラからの映像があるとはいえ、樹木の枝などにぶつかる可能性は高まります。

　高性能なファントムは大量生産されているので、4Kカメラまで付いて10〜20万円程で購入できます。たとえば、保険会社が災害にあった家屋の調査に使う程度なら、市販の数百万円で売られている商業用ドローンよりも、ファントムの方が安くて便利といえます。おかげでファントムは、多くの業務に利用されています。

　政府の飛行免許を得て、運用している事業者も高性能なファントムを飛ばしています。しかし多くの場合、トラブルを起こしているのは、高性能なファントムを十分な準備も知識もなく気軽に飛ばしている人たちです。

　たとえば、2017年9月21日7時20分、ニューヨーク州スタテンアイランド東部で軍用ヘリコプター「UH-60ブラックホーク」にファントム4が衝突しました。

　NTSB（米国家運輸安全委員会）の調査によれば、ヘリは墜落しませんでしたが、ローター・ブレード（回転翼）、窓枠、トランスミッション・デッキに被害を受けました。衝突したドローンのモーターとアームがヘリから回収されて、ファントム4と特定されました。

　NTSBの調査といえば、普通は商業用大型機の事故でしか耳にしません。同委員会がド

UH-60 Black Hawk（出典：Wikipedia）

U.S. DRONE BUSINESS REPORT　　043

ローン衝突事故の調査に乗り出したことは初めてですが、逆に「それほど危険な事故だった」と業界では驚いています。操作していたオペレーターも特定されましたが、趣味で高性能なファントムを飛ばしていた方です。同衝突事件は、連邦議会の航空機関連小委員会でも取り上げられ、連邦議会から十分な対策を取るようにFAA（連邦航空局）に厳しい要請が出されました。

　一方、日本ではそもそも価格が数十億円もするような軍用ヘリが頻繁に飛んでいませんから、このような衝突は耳にしません。国土交通省の発表資料によれば、同省に報告された「2016年度、無人航空機に関する事故」はたった55件にすぎません。米国では商業航空機のニアミスなどの報告を含め、商業ドローンに関するクレームは月間で200件を超えることもあります。

　パイロットの人口は日本の38倍を超える米国ですから、多いのは仕方ありませんが、それにしても日本の年間事故件数の55件は異常に少ないと言えるでしょう。マルチコプター・タイプは、全体の約8割にあたる45件となっています。

　特に、個人は15件程と少ないのが目を引きます。個人の場合、趣味で飛ばして起こった事故は報告されていないと考えられます。

　いずれにせよ、遠隔操作では安全が確保できないということで、各国政府は商業ドローン運用を目で見える範囲内に限定しています。これを「視野外飛行の禁止」規定と呼んでいます。

　これに加えて、日本では「人（第三者）又は物件（第三者の建物、自動車など）との間に30メートル以上の距離を保って飛行させること」と規定（航空法第132条）されています。つまり、人の頭上を安易に飛ばしてはいけないということです。これを「頭上飛行の禁止」規定と呼んでいます。

　しかし、この「視野外飛行の禁止」と「頭上飛行の禁止」こそ、商業ドローン・ビジネスにとって最大の壁なのです。折角、

第2章　ドローン・ビジネスが抱える難題とは

高度な自動飛行能力がありながら、人の操縦能力に限定されているわけです。

一般に、人が操作したほうが安全だと思われがちですが、ドローンの場合、実はそうでもありません。

2017年10月、米バージニア州で開催された標準化団体の会議で、NIST（米国立標準技術研究所）のドローン研究者とミーティングをもつ機会がありました。その際、操縦の確実さをオペレーター（人）と自動システムで比較したNISTのデータを見せてもらいました。そこでは自動飛行の方が、人よりも2倍から3倍正確だという統計データが示されており、思わずうなったものです。

ただ、誤解がないように書き加えると、ファントム・シリーズは推定でも市場に数百万台が出回っています。最新機種には衝突防止装置や飛行高度制限、飛行禁止区域内への侵入防止装置（ジオフェンス）などの安全機器が搭載されています。

（2018年CES〈国際家電見本市〉中国ディジェイアイの展示風景）
（撮影：筆者）

残念ながら、大量に売られているのでファントムの事故が目立ちますが、機体に問題があるのではなく、十分な知識と準備なしに飛ばしてしまうオペレーターに原因があると言えるでしょう。ここ数年、同社はユーザー教育に力を入れているのも、そうした理由からです。

　逆に、ディージェイアイ社が優れた機体を安く提供してくれたおかげで、世界のドローン業界は大きく前進できました。その貢献は高く評価されるべきです。また、ディージェイアイ社だけでなく、中国のドローンメーカーがしのぎを削る競争をおこなっていることで、次々と革新的な機体が開発されていることも十分認識すべきです。中国が世界のトップランナーとして、小型や超小型ドローンの技術革新を担っているのは明白です。

　本書では、商業ドローン・ビジネスを解説しますが、その実施においては綿密な計画と定期検査、運行前後のチェックなど、「厳格な運用規則に従った業務」を前提としています。

第2章　ドローン・ビジネスが抱える難題とは

2-02 視野外飛行の壁を乗り越える

「視野外飛行の禁止」規定の壁は厳しいのですが、安全性データを集め、工夫を凝らして、この課題を克服する努力が米国では続いています。

たとえば、2017年春、FAA（連邦航空局）は、プレシジョンホーク（Precision Hawk）社に初めて視野外飛行の包括免許を発行しました。これは、一定条件を満たせば、同社は自由に視野外飛行ができるというお墨付きです。

プレシジョンホーク社は、小型商業ドローン（固定翼）を使った農業用リモート・センシングのパイオニアです。同社の素晴らしいところは、「ラタス（低高度トラフィック・セーフティー・プラットフォーム）」という携帯基地局の信号を使ったポジショニング・システム（機体の位置情報などを把握する装置）をいち早く開発したことです。

ほんの数年前ですが、ラタスが開発された頃はまだドローンの位置把握に携帯電波を使うことは一般的ではありませんでした。現在もそうですが、位置情報といえばアメリカのGPS衛星（グローバル・ポジショニング・システム）などの測位衛星信号を使うのが一般的です。しかし、遠く離れた静止衛星からやってくるGPS信号は、俗に「海を超えてロウソクの火を探す」ほど微弱なものです。数メートルの誤差は当たり前で、衛星信号を使えば「ドローンの正確な位置が分かる」わけではありません。

自動車のナビゲーションで使うGPS信号は「車が道路の上しか走らない」ことを前提に、道路地図情報と車載センサーを利用して位置情報を修正するのでうまく動きます。ちなみに、スマホでの地図アプリなども衛星信号だけでなく、各種サーバー情報などを使って補正しています。

しかし、自由に空を飛ぶドローンでは、道路を走る車ように

U.S. DRONE BUSINESS REPORT　　047

はいきません。最近は、３Ｄマップなどの整備も進んでいます
が、まだまだ時間がかかるでしょう。現在でも、ドローン測量
による地図作りなどでは、正確な位置情報を取るために地上に
基準点となる電波局（ビーコン）を設置します。

こうした状況の中、プレシジョンホーク社は正確な位置が分
かっている携帯基地局に目をつけ、それを位置補正情報として
利用しました。当時、ラタスは画期的な手法でした。

一方、FAA（連邦航空局）は「商業ドローンの規制緩和」
を検討するうえで必要なデータを得るため、「パスファイン
ダー」という官民合同プロジェクトを 2015 年５月の立ち上げ
ました。このプロジェクトは「フォーカス・エリア・イニシア
チブ」と「UAS ディテクティブ・イニシアチブ」の大きく２
つに分かれます。UAS とは無人飛行システム、つまりドロー
ンのことです。

前者のフォーカス・エリアは視野外飛行と頭上飛行の規制
ルールを作るため、後者は空港などに小型ドローンが舞い込む
ことを防ぐドローン探査・防御システムを対象にしています。

つまり、FAA（連邦航空局）は小型ドローンの規制において、
以下の３つが最重要課題だと判断したわけです。

この３つは、現在も最重要課題であり続けています。

FAA（連邦航空局）の考える小型ドローンの３大重要課題

①視野外飛行の基準	オペレーターが見えないエリアで安全に遠隔操縦／自律飛行をおこなうための安全運用基準
②頭上飛行の基準	一般市民の頭上で安全に飛行するための運行基準
③探査・防御システム基準	空港や重要施設にドローンが侵入しないように、探査したり、防御するシステムの基準

（出典：アエリアル・イノベーション）

第2章　ドローン・ビジネスが抱える難題とは

　話を戻します。プレシジョンホーク社は、視野外飛行実験のパートナーとして、フォーカス・エリア・イニシアチブのメンバーに選ばれました。ちなみに同イニシアチブには、第5章で解説する貨物鉄道事業者のビーエヌエスエフ（BNSF）社とケーブル専門ニュースチャンネルのシーエヌエヌ（CNN）社も参加しています。

　世界最大の農業大国である米国では、プレシジョン・アグリカルチャー（精密農業）と呼ばれる科学技術を駆使した管理農業が盛んです。現在でもそうですが、大型農業法人では畑を管理するために小型航空機やヘリが使われていますが、その費用は年間数百万円から数千万円にも達します。

プレシジョンホーク社のランキャスター5
（撮影：筆者）

　プレシジョンホーク社の固定翼ドローン「ランキャスター」は旅行カバンに入る大きさで、1回数時間の飛行で多くの写真を撮影できます。そこで小型航空機やヘリコプターの代替技術として注目されました。しかも運用コストは毎日飛ばしても一桁から二桁も安くなります。

　多くの農家がプレシジョンホーク社のサービスに飛びついたのですが、課題は「視野外飛行の禁止」という規制です。これがある限り、精密農業で小型商業ドローンを本格利用することはできません。

　当時、インタードローンなどのドローン展示会では「模型飛行機を畑で飛ばして遊ぶのは自由でも、同じ機体にカメラを付けて飛ばすことはできない。これはおかしい」という不満の声をよく耳にしました。

U.S. DRONE BUSINESS REPORT　049

そこでFAA（連邦航空局）は、プレシジョンホーク社と視野外飛行の実験に乗り出しました。ラタスという最新技術を使って機体の正確な位置を制御できることもあり、FAA（連邦航空局）のパートナーとして適切だったのです。

FAA（連邦航空局）とプレシジョンホーク社は詳細な実験項目を設定し、数百ページにおよぶ実験データを収集、第1フェーズを終了しました。この詳細なデータをベースにプレシジョンホーク社は2016年8月、米業界初の「包括視野外飛行の免許」を取得することができました。

また、少なくともプレシジョンホーク社の運用基準に準拠すれば、精密農業で商業ドローンの視野外飛行が可能になったことも重要です。

ちなみに16年春、米国防系ソリューションベンダーのMTSI社も携帯ブロードバンドを使った測位システムの信頼性と有人機の航空管制システムとの統合の可能性を確認するため、プレシジョンホーク社のラタスの評価試験をしました。

これはDHS（米国土安全保障省）の委託によりドローン4機、有人機2機を使って約2週間38回にわたって実施されたもので、リアルタイムの位置を4G-LTE経由でデータ・センターに送り、空港などで利用する情報と統合して、飛行機のパイロットに提供しました。

FAA（連邦航空局）とプレシジョンホーク社とのプロジェクトは続いており、第2段階では電波をより遠くに飛ばすリピータと呼ばれる装置や商業航空機が衝突防止に使うADS-Bと呼ばれる電波信号の受信システム、航空管制システムからの航空機運行情報の受信など、より高度な視野外飛行の運用実験をおこない、最新データを関係者に報告する段階に入っています。

プレシジョンホーク社のデータは、FAA（連邦航空局）が現在検討している視野外飛行ルールを作るための重要な資産として活用されています。

第2章　ドローン・ビジネスが抱える難題とは

2-03 空港の近くで商業ドローンを飛ばす

　2016年6月、米アップル社が当時建設中だった新本社「アップル・パーク」の空撮動画をユーチューブに公開し、大きな話題になりました。

　ドーナツ型4階建てガラス張り本社は26万平方メートルで、1万2,000名が働く巨大なオフィスです。その敷地の中には1,000名を収容できるシアターがあり、駐車場は1万1,000台のスペースが確保されいます。その広大さは、さすがに空撮でなければ分かりません。

　もちろん、このビデオは小型商業ドローンで撮影されたものです。興味深いのは、ユーチューブに載せるためにドローンを飛ばしたわけではなく、建設状況の進み具合をチェックするために建設会社が毎日飛行させていました。

　ただ、このドローン撮影は、苦労の連続だったようです。アップルの新本社は、サンノゼ国際空港から直線で約5マイル（約8キロメートル）程の距離です。また、NASAエームスリサーチ研究所の滑走路も近くにあります。

　米国のドローン規制ルールでは、空港近辺は飛行禁止区域で、FAA（連邦航空局）の飛行免許だけでなく、空港管制官の許可が必要です。飛行許可を得るだけで数カ月かかるのが当たり前で、航空機の離発着の合間を縫っての撮影は慎重にやらなければなりません。

　アップル新本社の事例はほんの一例で、空港近辺で飛ばせないという問題は、米商業ドローン業界にとっては深刻な問題なのです。日本の主要空港は約50カ所ですが、米国は10倍の約500カ所あります。（OAG調べ）これに地方のコミュータや農業用空港を加えると約1万3,500カ所といわれています。実際、シリコンバレー・サンフランシスコ湾岸地域には大型空港が3つあり、商業ドローンが飛ばせる範囲は非常に限られています。

U.S. DRONE BUSINESS REPORT　　051

しかも、許可を得るまでに最低でも60日が必要です。

FAA（連邦航空局）にとって、商業ドローンを空港周辺で飛ばせるようにすることは重要な課題です。そこで2017年から、LAANC（Low Altitude Authorization and Notification Capability）が動き始めています。目的は空港周辺の飛行認可と関係者への通達を電子化して、迅速化を図ることです。

FAA（連邦航空局）は、民間企業12名のワーキンググループを結成してLAANCの開発仕様などを検討しました。具体的には「準リアルタイムの空域通知プロセス」や「制御空域内における電子飛行認可」「高度を限定する自動認証システム」「空港関係者への通達方法」などのテーマです。

同LAANCの構成要素はふたつあります。ひとつはドローンオペレーターが安全飛行できる空港周辺の電子マップです。このUASファシリティーマップ（写真右）は、飛行可能な地域と高度が記されており、17年4月から試験的に運用事業者やオペレーターが電子的にアクセスできるようになっています。プロトタイプには航空施設10カ所と空港45カ所が含まれています。(2018年3月現在)

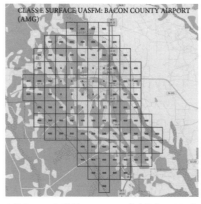

UASファシリティーマップ（出典：FAA）

もうひとつの特徴は、民間のフライト・プランナーと連動させた点です。現在、スカイワード（Skyward）社とエアーマップ（Airmap）社のシステムがLAANCを使って空港周辺の飛行認可を電子的に申請できます。たとえば、スカイワード社のアプリケーションを使えば、オペレーターがLAANCのマッ

第2章　ドローン・ビジネスが抱える難題とは

プを閲覧して飛行計画を立てた後、FAA（連邦航空局）に電子認証を申請すると、数秒でテキストメッセージおよびアプリのフライトブリーフィング機能により「申請が受領された」という通知が届きます。

また、航空管制センターへの連絡も自動的におこなわれます。まだ試運転段階ということもあり、飛行許可には数日から一カ月かかりますが、将来はすべて自動化されてすぐに承認が得られるようになります。

カリフォルニア州サンノゼ市にあるサンパワー（SunPower）社は、太陽光発電パネルの販売設置をおこなっていますが、設備の設置調査にドローンを使っており、空港周辺での作業では調査時間の短縮にスカイワード社のLAANC対応アプリを使っています。

議論はされているのですが、残念ながら日本では飛行免許の電子申請が進んでいません。欧米に比べ処理件数が少ないことや関係省庁の予算が限られていること、フライト・プランナー事業者が充実していない—など色々な理由がありますが、今後商業ドローンの利活用を進めるためには、日本も電子申請認可システムが導入されるでしょう。

いずれにせよ、視野外飛行の自由化は、商業ドローン・ビジネスを発展させる上で克服しなければならない課題です。

LAANC 対応空港 / 管理センター（2018 年 3 月末現在）

地域 /ATC 施設	クラス	空港コード	空 港 名	所在都市
マイアミ	B	MIA	Miami International Airport	Miami, FL
シンシナティ / 北部ケンタッキー	B	CVG	Cincinnati/Northern Kentucky International Airport	Covington, KY
フェニックス	B	PHX	Phoenix Sky Harbor International Airport	Phoenix, AZ
リンカーン	C	LNK	Lincoln Airport	Lincoln, NE
リノ	C	RNO	Reno-Tahoe International Airport	Reno, NV
サンノゼ	C	SJC	Norman Y. Mineta-San Jose International Airport	San Jose, CA
アンカレッジ ベースン(盆地)	C	ANC	Ted Stevens – Anchorage International Airport	Anchorage, AK
	D	MRI	Merrill Field	Anchorage, AK
	D	LHD	Lake Hood Seaplane Base	Anchorage, AK
ミネアポリス 空域管理センター (ZMP)	E	ABR	Aberdeen Regional Airport	Aherdeen, SD
	E	AXN	Chandler Field - Alexandria Municipal Airport	Alexandria, MN
	E	BJI	Bemidji Regional Airport	Bemidji, MN
	E	BRD	Brainerd Lakes Regional Airport	Brainerd, MN
	E	BKX	Brookings Regional Airport	Brookings, SD
	E	OLU	Columbus Airport	Columbus, NE
	E	DVL	Devils Lake Regional Airport	Devils Lake, ND
	E	DIK	Dickinson - Theodore Roosevelt Regional Airport	Dickinson, ND
	E	ELO	Ely Municipal Airport	Ely, MN
	E	ESC	Delta County Airport	Escanaba, MI
	E	FRM	Fairmont Municipal Airport	Fairmont, MN
	E	FFM	Fergus Falls Municipal Airport - Einar Mickelson Field	Fergus Falls, MN
	E	FOD	Fort Dodge Regional Airport	Fort Dodge, IA
	E	CMX	Houghton County Memorial Airport	Hancock, MI
	E	HIS	Hastings Municipal Airport	Hastings, NE
	E	HON	Huron Regional Airport	Huron, SD

第2章 ドローン・ビジネスが抱える難題とは

地域/ATC施設	クラス	空港コード	空港名	所在都市
ミネアポリス 空域管理センター (ZMP)		GPZ	Itasca County Airport	Grand Rapids,MN
	E	INL	Falls International Airport - Einarson Field	International Falls, MN
	E	IMT	Ford Airport	Iron Mountain, MI
	E	IWD	Gogebic - Iron County Airport	Ironwood, MI
	E	JMS	Jamestown Regional Airport	Jamestown, ND
	E	EAR	Kearney Regional Airport	Kearney, ND
	E	MKT	Mankato Regional Airport	Mankato, MN
	E	MCW	Mason City Municipal Airport	Mason City, IA
	E	MHE	Mitchell Municipal Airport	Mitchell, SD
	E	OFK	Norfolk Regional Airport - Karl Stefan Memorial Field	Norfolk, NE
	E	OSC	Oscada-Wurtsmith Airport	Oscoda, MI
	E	PLN	Pellston Regional Airport of Emmet County	Pellston, MI
	E	PIR	Pierre Regional Airport	Pierre, SD
	E	RWF	Redwood Falls Municipal	Redwood Falls, MN
	E	RHI	Rhinelander/Oneida County Airport	Rhinelander, WI
	E	CIU	Chippewa County International Airport	Sault Ste. Marie, MI
	E	SPW	Spencer Municipal Airport	Spencer, IA
	E	SLB	Storm Lake Airport	Storm Lake, IA
	E	TVF	Thief River Falls Regional Airport	Thief River Falls, MN
	E	ATY	Watertown Regional Airport	Watertown, SD

（出典：FAA〈連邦航空局〉）

2-04 頭上飛行を実現する取り組み

2017年11月末、アマゾン（Amazon）社は下の図のような面白い特許を取りました。

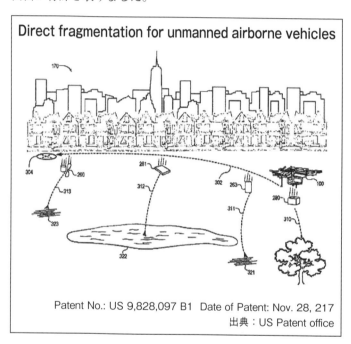

Patent No.: US 9,828,097 B1　Date of Patent: Nov. 28, 217
出典：US Patent office

これは商業小型ドローンを空中で解体するための特許です。イラストでは、ドローンが荷物やモーター、機体の一部を順番に落としてゆく場面が描かれています。重要なポイントは分離して落ちてゆく場所が樹木の上や空き地、水の上などになっているところです。

つまり、アマゾンは配送用のドローンが故障したとき、安全対策として空中で分解するアイデアを検討しているわけです。もちろん、アマゾンが実際に空中で分解するドローンを持って

いるわけではありません。あくまでコンセプト特許として権利を押さえただけです。

とはいえ、小型商業ドローンは総重量が25キログラムになり、それが空から落ちてきて人にぶつかれば、大きな怪我を負うことになるでしょう。そこで機体を細かいブロックにして、安全な場所に落とすことで、人や物への被害を最小限にしようというわけです。

これはドローンの「頭上飛行の自由化」が、いかに難しいかを如実に示しています。

同課題の克服に積極的に取り組んでいるのは、CATVニュース専門チャンネルのシーエヌエヌ（CNN）社です。

同社は「CNN Air」というドローン撮影専門部門を設立し、専用機材とオペレーターを置いています。カリフォルニア州の渇水ニュース（2016年）では貯水池の空撮を実施し、いかに危機的な状態かを映像として提供するなど、さまざまな取り組みを進めてきました。

同社の機体は、放送用の大型カメラが乗せられる本格的なものですが、市街地での飛行、特に頭上飛行は許可を得ることはできません。そこで取材班が簡単に持ち運べて、街中で自由に取材できるドローン・カメラを模索しています。

街中で自由にドローン・カメラを飛ばすには、幾つかの要件を満たす必要があります。

1. 人にぶつかっても怪我をしない
2. 勝手にどこかに飛び去ったりしない
3. 長時間、飛行することができる
4. 人の近くで飛ばしてもうるさくない
5. 持ち運びが容易である

こうした条件を満たすドローンとして、シーエヌエヌが最初

に検討したのは「テザーリング・タイプ」でした。

これは別名ケーブル・ドローンと呼ばれるもので、地上の装置から信号や電力をドローンに供給する方式です。ケーブルで地上と結ばれていますから、勝手にどこかに飛び去ることもありませんし、長時間飛行することができます。

シーエヌエヌ社はスイスのベンチャー、フットカイト（Fotokite）社のテザー・ドローンを採用し、初めてFAA（連邦航空局）の頭上飛行に関する許可を得ました。最新版のフットカイト・プロは620グラムと軽量で、10時間の継続飛行、高さ20メートルまでの撮影が可能です。シーエヌエヌ社が認可を得たのをきっかけに、米国ではニュース取材に同社のドローンを活用するところも出ています。

ただ、フットカイトは本格的なカメラセットを搭載できないので、工夫を凝らした映像は撮れません。そこでシーエヌエヌ社が次に試したのはバンテージ・ロボティックス（Vantage Robotics）社のドローンでした。

これは先ほど紹介したアマゾンの分解するドローンとよく似ています。220グラムと軽量なバンテージ・ドローンは落ちるとバッテリー、本体、プロペラがバラバラに分かれてショックを和らげます。もちろん、プロペラの回りにはプロテクターが付いていますし、本格的な4Kビデ

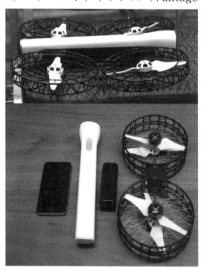

バンテージドローン（撮影：筆者）

第2章　ドローン・ビジネスが抱える難題とは

オも付いています。

　ただ、先程のアマゾンの特許と異なる点として、アマゾンは故障すると自動的に分解していくのですが、バンテージ社は落ちた時のショックを和らげる設計となっています。

　シーエヌエヌ社は、この機体を使ってFAA（連邦航空局）の「包括頭上飛行免許」を取得しました。ただ、高いところから落ちると衝撃が大きいので「高さ10メートル以下」という飛行条件がついています。シーエヌエヌ社の人に利用状況を聞いたことがありますが「撮影高度が10メートルだと、地上の人がものを投げれば、ぶつかる近さ。なかなか、その高さで飛ばす機会はありませんね」と困り顔でした。

コラム1

ドローンに関する衝突実験

　ドローンの安全性を確認するためには、実際に衝突実験を使ってダメージの状況を把握しなければなりません。米国では、こうした研究が活発におこなわれています。

　たとえば、バージニア工科大学（Virginia Tech）は、小型ドローンが落下した場合の「人間に対するリスク評価手法」を開発しています。同大学は、FAA（連邦航空局）が公認するドローン・テストサイトのひとつでもあり、ドローンに関する研究開発のメッカです。

　また、自動車の衝突事故を調べる高性能なダミー・ロボットの開発で知られており、その応用としてアメリカン・フットボールで使うヘルメットの評価でも有名です。ヘルメットの耐衝撃実験結果を同大学が公表したことから、評価の低

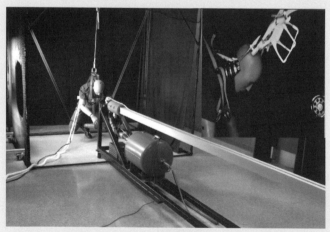

バージニア工科大学のドローン衝突実験風景（撮影：筆者 2017）

かったメーカーは慌てて製品改善に取り組み、アメフト用ヘルメットの品質が大きく向上したストーリーはよく知られています。

現在、商業ドローンはFAA（連邦航空局）の規制により「人の頭上」を飛ぶことが禁止されています。これが荷物配送や上空からの報道といった用途へのドローンの本格活用を妨げており、特に人口密度の高い地域では、ドローンの利活用がほぼ不可能となっています。

一般に、マイクロ・ドローン（米国では重量250グラム以下）であれば、墜落しても怪我のリスクはとても低いと言われていますが、バージニア工科大学はダミーを使った衝突実験で、それを確かめようとしています。

研究のポイントは、1）衝突衝撃の強さ、危険度の測定とリスクの可能性、2）そうしたリスクを低減させるための工学面、運用面からの手法のふたつです。試験用ダミーの頭と首に埋込まれたセンサーは、衝撃の強さを正確に測定でき、頭蓋骨の骨折や脳・頸部損傷といった実際の怪我のレベルを知ることができます。

このように、どのような機体や衝突状況がダメージを軽減できるかを具体的に確かめることを目的としています。

同大学の研究は、FAA（連邦航空局）が頭上飛行の自由化を認める基礎データになるでしょう。具体的には、「実際に存在するリスク」と「リスクを防止できる機体」の評価方法をFAA（連邦航空局）が見極めるための評価手法に利用される予定です。

2-05 ドローン・セキュリティーとリモートID

　FAA（連邦航空局）は、2016年末頃から「頭上飛行の自由化」を認める規制緩和を狙っていました。そうなれば、一般市街地で自由にドローンカメラを使って、人々が思い思いにビデオを撮ったり、仕事に利用できるからです。

　第1章でも書きましたが、商業ドローンの機体重量は荷物を含めて25キログラム以下と日米では定められています。そのなかでも250グラム（日本は200グラム）以下をマイクロ・ドローンと俗称しています。先ほど紹介したバンテージ社のドローンのように「軽い機体」であれば、数メートルの高さから墜落しても大事故に至る可能性は低いからです。

　加えて、マイクロ・ドローンは高性能化が進んでおり、4Kカメラを搭載し、室内でも安定して飛ぶ「手のひらサイズ」の機種が中国メーカーを中心に手頃な価格で発売されています。中国のディージェイアイやユニーク、仏パロットなどドローン・メーカーはマイクロ・ドローン開発を加速させていました。

　たとえば、エアーセルフィー（AirSelfie）社のマイクロ・ドローンは、携帯電話サイズで男性の胸のポケット

エアーセルフィー（出典：同社プレスキット）

トに入ります。重さはたった52グラムで5メガ・ピクセルのカメラと4GBのメモリーを搭載しています。

　飛行時間は短いですが、スマートフォンで操作し、10秒の

セルフタイマーも付いています。こうしたマイクロ・ドローン・カメラを使えば三脚や自撮り棒などは不要になり、格段に面白いレジャー写真が撮影できるでしょう。

こうした状況を踏まえて、FAA（連邦航空局）ではマイクロ・ドローンの頭上飛行を認めようと準備をしていました。事実、2016年11月に、ホワイトハウスのOIRA（Office of Information and Regulatory Affairs）に頭上飛行規制緩和案を提出し、大統領の最終承認を得る段階まで進んでいました。

しかし、17年1月にドナルド・トランプ大統領が登場して事態は変化します。新政権は、「頭上飛行の自由化」よりも「セキュリティーを優先」させる政策に舵を切ったからです。

具体的には、「リモートID」の導入です。現在の小型ドローンを自動車にたとえれば「ナンバープレートが付いていない」状況です。これでは、空を飛んでいても「どこの誰が何のために」運行しているのかが分かりません。そこで無線通信を使ってドローンを識別するリモートIDが注目されています。

実際、ドローンを使ったテロ攻撃への懸念は欧米でますます深刻になっています。英語圏では、ISIS（イスラム国）が小型ドローンを使って戦場でテロ攻撃をしているビデオを制作し、戦士をリクルートするためネットで流しています。筆者も見たことがありますが、さすがにショックを受けました。

一方、ドローンがハッキングされる可能性も高まっています。たとえば、「PacSec 2016」というセキュリティーに関する会議で、トレンド・マイクロ（TrendMicro）社が実際にオペレーターから操縦権を奪い取るデモンストレーションをおこない、話題になりました。

普通の小型ドローンはWi-Fiなどに使われている周波数を使っています。ですから無線プロトコルの脆弱性を突くことは容易です。攻撃者は、周波数ホッピングのパターンを突き止め、操縦乗っ取りの方法を把握したあと、タイミングを見て制御パケッ

トを使って標的ドローンの制御を奪い取る─といった具合です。

米国では、政府公安機関が出席するセキュリティー・セミナーが頻繁に開催され「ドローンが乗っ取られ、重要施設を標的にして墜落させるという事態はいつでも発生し得る」と警告しています。

そこでリモートIDを使えば、「誰が何のために、どのようなルートでドローンを飛ばしているか」が分かるため、ルートを逸脱して飛んでいる悪意あるドローンを見つけることも可能です。

米国政府は官民メンバーによる「リモートID諮問委員会」を設立し、2017年春から協議を続けてきました。無線ネットワークとしては、すでに広く整備されている携帯ブロードバンド網や衛星通信網が議論されたほか、ディージェイアイ社は操作するGCS（地上操作設備）から情報を提供する提案などもおこないました。

ＦＡＡ（連邦航空局）は17年末にようやくリモートID諮問委員会のレポートを公開しました。しかし、採用すべき技術や評価などで意見が分かれ、一致した結論がない異例の内容でした。比較的高価な商業ドローンは良いのですが、課題は一般に売られているホビー用ドローンです。ホワイトハウスは「すべてのドローンが識別できるように」との意向ですが、数千円程度で売られている玩具系ドローンに高価なリモートID装置を乗せることは現実的ではないからです。

とはいえ、リモートIDの義務化は重要課題として、日本を含め導入の検討が続くでしょう。

商業ドローンは、これまで実現できなかった業務の効率化や新サービスが可能です。そうした先端分野に取り組む企業にとって「安全にどこでも飛ばせること」が理想ですが、現時点は、そう自由ではありません。

とはいえ、本章で紹介したように、米国や欧州ではこうした課題の克服に本格的に取り組んでいます。近い将来、米国市場

第2章　ドローン・ビジネスが抱える難題とは

で「商業ドローン・ビジネスが本格化する」といわれているのは、こうした努力が続けられているからです。

日本でもこういった欧米の最新技術やサービスを分析・検討したり、必要に応じて利用することで、ユニークな事業が展開できるでしょう。

米リモートID諮問委員会で議論された技術（抜粋）

系	技術名	概　要
ブロードキャスト系技術	衝突防止用無線 ADS-B	・航空機用 ADS-B をドローンに搭載し、正確な ID および位置をブロードキャスト。 ・位置情報を GPS（全天位置測位情報）と気圧高度計から割り出す。 ・リモート ID に採用する場合、単独受信機による UAS 識別と追跡が可能
	低出力無線 Low-Power Direct RF (unlicensed spectrum)	・Wi-Fi、Bluetooth、RFID など無免許周波数帯を使用する低出力電波技術方式。ID と位置情報を放送し、目視距離で識別と追跡が可能。 ・Wi-Fi などの一般方式ではスマホなどで受信可能。 ・警察等の専用受信機は、機体所有者などの付帯情報を登録 DB で検索可。
	統合制御通信 Integrated C2	・機体と GCS（Grand Control Station）間の制御通信に ID メッセージを投入する方式。 ・警察などが専用の受信機を利用し、電波到達範囲内でドローンの検知が可能。
	視覚照明通信 Visual Light Encoding	・衝突回避照明の点滅により、ID 番号、位置などの情報を伝える。 ・フライトコントローラや GPS の統合により実現。 ・スマホのアプリにより読み取り可能。
通信ネットワーク系技術	携帯モバイル網 Cellular Communications	・UAS または GCS がモバイルネットワークを経由して位置情報を報告。警察などは、問い合わせ、あるいはプッシュベースで情報取得。一般市民もアクセス可能。 ・今後整備が進む C-V2X（Cellular Vehicle to Everything）技術により、LTE 網を通さずに UAS 間や UAS と ID 情報受信機との直接通信が可能。
	衛星通信 Satellite Based Communication	・UAS または GCS が衛星網経由で位置情報を報告。警察などだけでなく、一般市民もアクセス可能。 ・衛星網とモバイルネットワークなどと組み合わせも可能。
	ソフトウェアベース Software based flight notification with telemetry	・FAA の LAANC（Low Altitude Authorization and Notification Capability）システムを活用。 ・GCS（Grand Control System）機器（タブレットやパソコンなど）により、UAS 飛行前に運行者が飛行経路の許可を申告し（あるいは宣言し）、飛行中はリアルタイムに近い頻度で FAA サーバーに位置情報をアップデートする。

（出典：FAA〈連邦航空局〉の報告書をもとにアエリアル・イノベーションが作成）
※巻末－拡大資料（5）参照

U.S. DRONE BUSINESS REPORT　065

第3章
ドローン・ビジネスの
エコシステム

本章のポイント

　本章では、商業ドローンを支える「3大技術革新」と「ドローン・エコシステム」を分析します。これらは、具体的なビジネス・モデルを考える前提となります。
「ドローンの3大技術革新」

① 電動推進力
② 無人操縦技術
③ ドローン管制システム

　「ドローン・エコシステム」とは、ドローン運用のワークフローと、それを構成するハードウェアおよびソフトウェアのことです。つまり、飛行計画を立てるところから、実際にデータを収集分析したり、ものを運ぶところまでの流れです。
　最後に、運用に必要なエレメント（要素）を分析します。本章では、次のようなエレメントについて解説していきます。

● 安全運用とガバナンス
● ドローン・セキュリティー
● マルチ・ドローン・ユース
● ドローン・ネットワーク
● 運用設備オートメーション
● アプリケーション・マーケット

第3章　ドローン・ビジネスのエコシステム

3-01 3つの革新技術について

　なぜ、小型商業ドローンは急速に注目を集め、商業化が進められているのでしょうか。

　理由は、従来の壁を破る3つの技術革新が起こったからです。それは「①電動推進力」、「②無人操縦技術」、「③ドローン管制システム」です。商業ドローンのビジネス・モデルを考察するうえで、この3つの技術革新を理解することは重要です。

電動推進力
高い推力対重力比
高性能モータ・バッテリー

ドローン3大技術革新

無人操縦技術
制御ソフト／ハードの高度化
人工知能、クラウド

ドローン管制システム
NASA-UTM/LAANC
携帯・衛星網

　過去を振り返ると、ドローンは普通の飛行機を無人で操縦する方向で開発が進められてきました。実際、1990年代の終わりには、軍事目的の大型ドローンが実用レベルに達しています。

　一方、小型ドローンの商業分野を切り開いたのは、4つのプロペラで飛ぶ電動マルチ・ローターです。もちろん、以前からラジコン・ヘリやラジコン・プレーンなど高度なRC（ラジコン）機器はありました。しかし、それらは操縦が難しかったり、量産化できないなど商業化に難題を抱えていました。その壁をデザイン的にも操縦面でも打ち破ったのが電動マルチ・ローターです。その克服要因こそ、電動推進力、無人操縦技術、ドローン管制システムという3つの技術革新でした。

U.S. DRONE BUSINESS REPORT　　067

電動推進力は、小型高性能モーターとプロペラ、それを支えるバッテリーから構成されます。モーターは小型でありながら重量対推力比が高く、内燃エンジンでは不可能だった小型・軽量化が可能になりました。しかも、引火性燃料を使わず、比較的どこでも手に入る「電気」なので取扱いが格段に便利です。

課題はバッテリーです。実用レベルに達していますが、容量の拡大や急速充電、破損時の防爆技術などに課題を抱えています。ただ、リチウム・バッテリーの研究開発は活発で、全固体型など次世代技術が次々に登場しています。ドローン用バッテリーもこれから改善されるでしょう。

電動推進は部品点数の減少にもつながります。内燃エンジンは部品点数も多く、メンテナンスも大変です。たとえば、一般の航空機やヘリコプターでは、定期検査でエンジンをすべて分解して検査する必要があります。そのため維持コストが非常に高くなります。エンジンの分解と検査には丸一日かかり、その費用は大雑把に1時間あたり100万円とも言われています。

小型商業ドローンでは、そこまでの検査を求められませんが、いずれにせよモーターによって保守が安価で容易になったことは変わりません。従来ヘリコプターでおこなっていた作業を、小型商業ドローンに切り替えたいという潜在需要は、この圧倒的なコストダウンにあります。

また、モーター、プロペラ、バッテリー、フライトコントローラ、機体、モデムと数えられるほど部品点数が少なくなり、故障の確率が下がり、安全性が高まり、量産も簡単になりました。

もうひとつの利点として、電動推進は自動操縦を容易にしました。従来のヘリコプターはプロペラの角度を1回転の間に変えるなど「複雑なメカニズム」を使っているため、高度な操縦制御を必要します。

一方、マルチローター・ドローンは、最低4つのモーターに対して電力制御をするだけで、ホバリング（空中停止）を含む

高度な飛行を実現できます。格段に制御が簡単になったことにより、小型コンピュータと軽量なソフトで機体を操縦すること（無人飛行）も可能になりました。これが一般レベルのドローン（無人機）市場を切り開いた要因です。

こうして見ると、商業マルチローターは電動推進や自動操縦技術に大きな恩恵を受けていることが分かるでしょう。

とはいえ、エンジンを使うことは、そんなに不利なのでしょうか。実際、中国などを中心に、内燃エンジンを使ったマルチローター・ドローンの開発が進んでいます。積載重量を増やすことや長時間飛行で「内燃エンジンが有利」という考え方です。ですが、これはドローン革命の主流とは違うアプローチといえます。

すでに述べたように、小型内燃機関は重量が重く、部品が多くて保守が大変です。また、モーターは電源制御で急速に回転数を上げたり下げたりでき、瞬間的に推力を変えられます。一方、自動車がトランスミッション（変速機）を使っているように、内燃エンジンはモーターに比べ応答性が低く、それだけ自動操縦ソフトが複雑になります。

このように内燃機関は「電動推進」や「操縦制御の簡素化」という恩恵を得られないので、マルチローターに使うと、価格や安全性の確保、操縦システムの開発面でデメリットが目立ちます。

一方、電動推進は急速に技術革新が進んでおり、デメリットだった積載重量や飛行時間は改善されています。

中国で実用化されている電動商業ドローンでは、100キログラム程度の荷物を運べるレベルに達しています。また、ヘビー・ローダー型ドローンでは200キログラムを持ち上げるタイプも出現しました。もう少しすれば人が乗る電動パッセンジャー・ドローンも登場するでしょう。

商業ドローンの主流は「オール・エレクトリック（電動）」なのです。

3-02 商業ドローン産業は管制インフラが必要

　商業ドローンが産業となるには、それを支えるインフラストラクチャーが必要です。たとえば、旅行に使う商業航空機は「空港」というインフラがなければ、ビジネスになりません。それと同じです。

　米国には主要商業空港が500ヵ所あり、商業用航空機の保有数は約7,000機といわれています。また、農業用やコミュータ空港などを合わせると約1万3,500ヵ所の空港があり、離発着は毎日5万回以上といわれます。その航空管制をおこなうため、1万人以上の管制スタッフが働いています。

　ちなみに、世界2位はブラジルの約4,000空港ですから米国の突出ぶりが目立ちます。また、日本には約180ヵ所の空港があります。

　では、こうした既存の航空管制システムで、急増する商業ドローンに対応することができるのでしょうか。

　FAA（連邦航空局）の白書（The FAA Aerospace Forecast 2017-37）によれば、2021年には42万台から最大161万台の商業ドローンが空を飛ぶと推定しています。保有台数でいえ

米国商業ドローン（ユニット数）			
	Low	Base	High
2017	92,000	108,000	235,000
2018	133,000	167,000	445,000
2019	173,000	242,000	742,000
2020	207,000	327,000	1,133,000
2021	238,000	422,000	1,616,000

（出典：FAA〈連邦航空局〉）

ば、商業航空機の60倍から230倍になります。

　米国には人口10万人以上の都市が約280ヵ所あります。もし42万機の商業ドローンが主要都市で飛び交うとすれば、各都市で1,000機以上が毎日離発着を繰り返すことになります。

第3章　ドローン・ビジネスのエコシステム

　米国や日本のように政府が一括して商業ドローンの航空管制をすることは不可能です。商業ドローンでは、地上を走る車のように交通管制を分散処理するしかありません。

　そこで期待されるのが管制システムの自動化で、具体的にはドローン管制システム（UTM：Unmanned Traffic Management System）の導入です。日本語ではドローン運行管理システムと呼んでおり、大きく2種類に分かれます。ひとつは「個別運行管理システム」、もうひとつが「統合運行管理システム」です。

　前者は各ドローン運行事業者が利用するものです。たとえば配送ドローンの場合、個別運行管理システムは、注文に応じて最適な配送経路と順番、機体の種類などを管理するシステムになります。

　後者は各運行事業者が飛ばすドローンを、空域全体として管理するシステムで、飛行認可や飛行中のドローン監視、商業航空機や空港への通知などの仕事をこなします。

ドローン管制システム（UTM）の2分類

個別運行管理システム	個別のドローン運行事業者が使う管制システム。フリート・マネージメントなど、用途や機体性能などを考慮して最適な運用をおこなう。政府への飛行認可の電子申請などもおこなう。
統合運行管理システム	一定地域（空域）を飛ぶさまざまなドローンの安全運行全体を管理するシステム。自動認可サーバは、各事業者の運行プランの安全性を確認し、飛行免許を出すシステム。一方、ドクターヘリなどとの衝突防止など、空域監視をおこなうのも統合運行管理システムの役割。

（出典：アエリアル・イノベーション）

航空法では商業ドローンは飛行認可を受けなければなりません。各ドローンの離発着認可承認を電子的に処理するシステムを米国のNASA（連邦航空宇宙局）ではFIMS（Flight Information Management System）と呼んでいます。これは政府が運用する電子許認可システムです。これも統合運行管理システムの一部です。

　また近い将来、商業ドローンは通信衛星やモバイル・ブロードバンド、低空レーダなどを使って、飛行経路をモニターすることになるでしょう。また、ドクター・ヘリなどとの衝突を回避するための緊急通知を出すことも必要です。こうした空域全体を監視・管理するのが、統合運行管理システムの仕事です。

　ただ、米国ではアマゾン社やグーグル社などが商業ドローンの大規模利用を計画しており、できる限り民間ベースで運行管制をやりたいと考えています。ですから、ドローン航空管制システムは今後さまざまな役割分担が変更されるかもしれません。ここでご紹介したのは、2017年末現在でNASA（連邦航空宇宙局）とFAA（連邦航空局）が計画している内容です。

　いずれにせよ、こうした管制インフラストラクチャーが整備されなければ、各都市で1,000機を超える商業ドローン運用を支えることは不可能でしょう。

　日本でも、通信事業者を中心にドローン向け運行管理システムの開発が進んでおり、1、2年以内にドローンの大規模な自動化が日本でも可能になります。すでに、ドローン導入を進めている企業の方を含め、日本でも運行管理システムの導入を検討すべき時期に入ろうとしています。

3-03 商業ドローンのエコシステム

企業が商業ドローンの本格導入を考える場合、まずドローン・エコシステムを理解し、それを元にビジネス・モデルを検討しなければなりません。まず、エコシステムについて見てみましょう。

ドローンビジネスの全体構成図

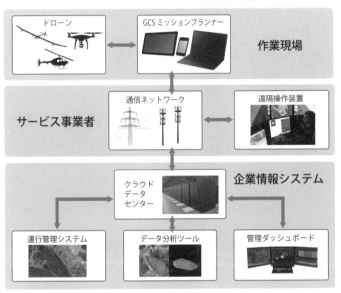

（出典：アエリアル・イノベーション）

小型商業ドローンで業務効率化や新サービスを考える場合、まず業務用ドローンのハードウェアとソフトウェアをどのように調達するかを考えなければなりません。最近では、こうしたハードとソフトを一貫して提供するフルラインアップ・プロバイダーが増えてきています。

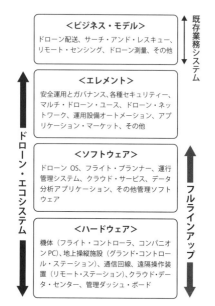

※巻末－拡大資料（6）参照　（出典：アエリアル・イノベーション）

次に、業務運営に必要なビジネス要素がエレメントです。ハードとソフトにエレメントが加わって、初めてドローン・エコシステムが完了します。

そして最後が、ビジネス・モデルの構築です。これはドローン・エコシステムを既存業務に組み合わせることを意味します。たとえば、配送事業者であれば、既存の配送システムとドローン配送を組み合わせて、全体の効率向上や新サービスを生み出す過程です。

ハードやソフトをすべて自社で購入する必要はありません。機体や分析ソフトなどを外注先やクラウド事業者に依存しても構いません。段階的にそろえても良いでしょう。ただ、企業が本格導入を検討するのであれば、エコシステム全体に精通することが、ベストなビジネス・モデル構築の前提となります。

第3章　ドローン・ビジネスのエコシステム

米国では、エコシステム全体を提供するソリューション・プロバイダーが増えています。ここでは米インテル（Intel）社の例を紹介しましょう。

2017年9月6日から3日間、ネバダ州ラスベガス市で、小型商業ドローンを中心とする展示会インタードローンが開催され、インテル社はドローン・ソリューションの「Intel Insight Platform」を発表しています。

同社は2015年頃からロボットやドローン向けのIoTチップ市場に参入しました。その後、自社チップを使ったフライト・コントローラを開発する一方、16年1月にはドイツの高性能マルチドローン・メーカー、アセンディング・テクノロジーズ（Ascending Technologies）社を買収し、自社製のマルチドローン「ファルコン8+」の販売も始めました。

また、オートパイロット・システムに光学カメラを使った衝突防止技術や、高度な飛行計画を可能にするフライト・プランナーも充実させました。そして、17年9月に、撮影した画像データを処理するクラウド分析サービスをそろえ、フルラインアップを完成させています。

インテルのクルザニッチCEOの基調講演ではドローンの自動検査飛行と画像検査ソフトで部品欠落を発見するデモを紹介した。　（撮影：筆者）

同インタードローン基調講演では、ブライアン・クルザニッチ氏（最高経営責任者）が登壇。「ドローンによりデータ革命がさらに広がってゆく」と述べ、デモンストレーションでは、パソコン上のボタンをクリックするだけで商業ドローンが自動

飛行して写真を撮影、その後、クラウド上で写真の貼り合わせや前回撮影した画像との変化部分を自動的に検出する一連の作業を紹介しました。

同社はまた、視野外飛行などで高い実績を持つデルエアー・テック（Delair-Tech）社や航空機大手エアバス（AirBus）社、航空機器大手ハネウェル（Honeywell）社などとの提携も展開しています。

同社はカメラによる建造物のインスペクション（点検）に最適化させるため、自社製機体とミッションプランナー、そして自社のクラウド・データセンターおよび画像分析ソフトをそろえているわけです。インテルは商業ドローン業界で将来、ソリューション・サービスを狙っていることは間違いありません。

同様に、世界的な産業機器メーカーのゼネラル・エレクトリック（GE）社も、自社で販売する産業機器の検査をロボットとドローンを使っておこなうため、ジー・イー・ビヨンド（GE Beyond）社というベンチャー子会社を設立しているほか、米放送局向け撮影代行の大手としてよく知られているメジャー（Measure）社も活発にソリューション・サービスを提供しています。

日本ではNTTドコモやNTTデータ、NTT西日本、KDDI、楽天エアマップ、テラドローン／ユニフライ、NECなどが運行管理システムを含めたドローンのソリューション・サービスを提供しています。

今後、欧米ではドローン産業として、飛行から具体的な情報分析まで、すべてをまとめるソリューション・サービス事業が増えてくるでしょう。商業小型ドローンが産業となるには、これらの企業による大規模運用をベースとしたビジネス・モデルの構築が欠かせません。

第3章　ドローン・ビジネスのエコシステム

3-04 エレメント分析─安全運用／ガバナンス

　次に、エコシステムを構成する各エレメントを分析しましょう。小型商業ドローンの運用面、特に全社レベルでの導入に欠かせない大規模運用を考えると、下表のような要望が浮かび上がってきます。

　まず安全運用は、企業導入の基本となります。運用時に安全帽や安全グラスの着用から、機体の事前点検手順、故障など万が一の場合の対応手順など、安全運用にはさまざまな課題があります。

エコシステムから見た小型商業ドローン導入の課題

安全運用とガバナンス	企業は従業員やユーザーの安全を確保し、政府の法令などを遵守（コーポレートガバナンス）したドローン運用をおこないたい。
ドローンセキュリティー	個人や企業のデータが改ざんされたり、漏洩することがないよう確実なデータ・セキュリティー・マネージメントとシステムが欲しい。
マルチ・ドローン・ユース	特定のメーカーや機種に限定することなく、必要に応じてさまざまな機種を同時に運用したい。
ドローン・ネットワーク	視野外飛行を実現できる広域で確実な通信ネットワークと、その運用手法を確保したい。
運用設備オートメーション	特定オペレーターの経験や技術に依存することなく、ドローンに詳しくない社員でも確実に運用できるオートメーション機器や管理システムが欲しい。
アプリケーション・マーケット	運行管理システムや分析ソフトは、クラウドで運用し、必要に応じて最新のアプリケーションをアプリマーケットから調達し、社内システムに統合したい。

（出典：アエリアル・イノベーション）

U.S. DRONE BUSINESS REPORT　　077

現在、多くの安全運用マニュアルがネット上で公開されています。航空測量などの分野では、日本でもこうした安全運用についての議論が盛んです。ただ、全体として日本のマニュアルは、オペレーターによる視野内飛行を前提とした内容が多く物足りません。

　海外ではガス・パイプラインの検査など、視野外飛行の経験をもったベンダーや業界団体から、さまざまな安全マニュアルが発行されています。たとえば、米国の携帯タワー業界では、商業ドローンを使ったタワー検査における安全マニュアルが発行されています。安全性を重視するため、こうした海外のマニュアルも含めた調査をおこない、自社の安全マニュアルを作成すべきでしょう。

　また、運行代行事業者を使う場合、自社の安全マニュアルに沿った運用ができるかどうかを確認することが重要です。ドローン・スクールを卒業し、飛ばせるだけで運行代行を引き受ける事業者も多いので注意が必要です。少なくとも、測量なりリモートセンシングなり、実際の業務運用経験を持っていることを確認すべきでしょう。

　また、予定以外の機材を使ったり、気象条件や飛行禁止区域の確認を怠るなどが事故の原因となります。代行事業者に委託しても、自社社員が必要に応じて立ち会い、安全が確保されていることを確認する必要があります。

　米国の商業ドローンを導入しているユーザー企業は、当初、運行代行を利用することから始めますが、その後、コスト管理と安全管理を確実にするため、自社社員による運用に切り替える企業が多いようです。

　また、航空法に則った運用を着実におこなうコーポレート・ガバナンスも徹底すべきです。飛行免許を取ることから、万が一事故が起こった場合の国土交通省への報告、原因解明と防止対策の策定、事故内容の迅速な公表などは、企業ダメージの回

第3章 ドローン・ビジネスのエコシステム

避に欠かせません。

筆者の知る限り、海外の大手ソリューション・ベンダーは、こうした安全およびガバナンスに関するアドバイザリー・サービスを提供しています。残念ながら、日本ではサービスとして提供している企業はなく、業界団体などに問い合わせる状況になっています。

ただ、今後日本でも商業ドローンの利用が活発化すると予想され、そうしたサービスを検討しているベンダーも存在します。

3-05 エレメント分析—機体セキュリティー

　自社で運用している商業ドローンが乗っ取られ、事故を起こしたり、データを盗まれることは企業にとって悪夢です。たとえ可能性をゼロにすることはできなくても、ドローン・セキュリティーの検討は十分におこなわなければなりません。

　商業ドローンにおけるセキュリティーを、「機体セキュリティー」「ネットワーク・セキュリティー」「データ・セキュリティー」の3つに分けて考えてみましょう。

　まず、機体セキュリティーは機体と地上操縦設備に分かれます。現在のところ、商業ドローンが乗っ取られて事故を起こしたり、テロ攻撃に利用された例はありません。しかし、こうした悪意ある行為がいつ起こってもおかしくないと米国の公安関

エコシステムから見た商業ドローン・セキュリティー

機体や設備の セキュリティー	機体セキュリティー：GPS 妨害や操縦信号の乗っ取り防止対策、セキュリティー機器の導入。 設備セキュリティー：カウンター・ドローンという悪意あるドローンによる情報収集・攻撃の防御・無力化システム。
ネットワーク・ セキュリティー	ネットワークが常に確実につながり（常時接続）、安定して利用できること。インターネットのような悪意ある攻撃に弱いネットワークを使わず、専用線などの安全な回線を利用する。
データ・セキュリティー	伝送あるいは蓄積するデータの安全性を確保するための暗号化技術や改ざんの形跡をいち早く検出できる技術（ウォータ・マーキング、イントルージョン・パターン・レコグニションなど）の導入。

（出典：アエリアル・イノベーション）

第3章　ドローン・ビジネスのエコシステム

係者は考えています。

　では、商業ドローンの機体セキュリティーをどうやって確保すれば良いでしょうか。機体の物理的セキュリティーという意味では、飛行中に鷹などの猛禽類が襲ってきた場合の対策もあります。しかし、これは安全飛行のための衝突防止技術などに含め、ここでは取り上げません。一般的にはフライト・プランナーなどをインストールしたパソコンやタブレット、専用オペレーション機器が対象になります。

　パソコンやタブレット、スマホなどで操縦する場合は、マルウェアやハッキングソフトによる乗っ取りが考えられます。専用オペレーション機器が必ずしも安全とはいえませんが、パソコンやタブレットよりもセキュリティー面で強いといえます。

　人口過疎地の畑で飛ばす程度であれば、普通のパソコンやタブレットでも良いかもしれませんが、人口密集地でのリモートセンシングや配送などを考えるのであれば、セキュリティーが確保されたパソコンあるいは専用オペレーション設備を用意すべきです。

　たとえば、アマゾン（Amazon）社は2016年12月、商業ドローンの乗っ取り防止を狙ったメッシュ・ネットワーク通信機能に関するパテントを取得しています。

　このパテントは、複数のドローン間をメッシュ・ネットワークで結び、場所や経路、操縦者などの重要な項目を相互にチェックすることで、各機体の位置を把握するとともに、乗っ取られたドローンをすぐに発見できるというものです。

　メッシュ・ネットワークは階層構造がなく、端末が対等に直接つながるシンプルさがある一方、端末数が増えると急速に接続数が増えます。そのため、端末そのものが交信のための制御機能を持ちます。

　ちなみに、携帯ネットワークのような大量の端末を制御する場合は、ツリー構造が一般的です。ツリーは階層構造なので、

U.S. DRONE BUSINESS REPORT　　081

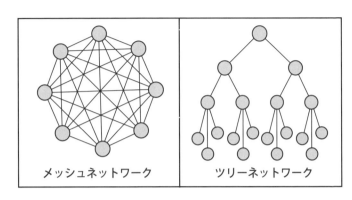

端末側に複雑な通信制御が不要です。経路制御は上位の機器が対応します。

アマゾン社の場合、空域設定の範囲にもよりますが、多くて数百機程度のドローンをネットワーク化するでしょう。パテントの内容をみると、ドローン間通信でバックアップ通信路の確保や経路変更をおこなうオペレーターとの通信確保、トラブル発生時における安全な場所への誘導や着陸などを含んでいますから、乗っ取りだけを想定したものではなく、運行管理の基本にメッシュ通信を利用するわけです。

ですが、ドローンが故障したり攻撃を受けた場合に、サイレンなどによって周囲に警戒を呼びかけることが記載されているので、乗っ取り防止は重要なポイントです。

このほか、イスラエルの会社はアンチ・ジャミング機器も作っています。これは、位置制御に使う GPS 信号を妨害して操縦不能にする攻撃から、商業ドローンを防衛する装置です。

設備セキュリティーは、悪意あるドローンから空港や原子力発電所、データセンターなどを守る地上設備で、カウンター・ドローン・システム（ドローン防御システム）と呼びます。これについては、第6章で詳しく説明します。

第3章　ドローン・ビジネスのエコシステム

3-06 エレメント分析—ネットワーク／データ・セキュリティー

　次に、ネットワーク・セキュリティーですが、地域ネットワーク（機体と地上操縦設備の間）の部分は機体セキュリティーで述べたので、広域ネットワーク（地上設備からデータセンターの間）について考えてみましょう。

　たとえば、カナダのスカイエックス（SkyX System）社は、17年末に総延長100キロメートルを超えるメキシコのガス・パイプラインを固定翼ドローンで検査することに成功しています。同ミッションでは、携帯通信網を利用しトロント市の遠隔制御センター（SkyCenter）から飛行をモニターして、200カ所を超えるパイプラインの問題部分を発見しました。

　同システムは垂直離着陸ができる機体（SkyOne）と、リアルタイムで安全運行監視ができる遠隔操作センター（SkyCenter）、飛行距離を伸ばす中継地点での充電設備（SkyBoxes）から構成されています。

　このようにガス・パイプラインや送電線などをドローンで検査する場合、広域ネットワークを使う必要があります。その場合、4G LTEなどのモバイル・ブロードバンド、光ファイバーなどの固定回線、衛星通信などの組み合わせになります。いずれにせよ、広域ネットワークでは十分なセキュリティー機能を備えた回線とプロバイダーを選ぶべきです。

　一部には無免許周波数であるWi-Fi網を広域活用するような話もありますが、危険です。もちろん、インターネットではなく、専用線を利用するのが望ましいことは言うまでもありません。

　データセキュリティーは、データセンターやオンプレミス（自社運用）サーバーに蓄積したドローンデータを保護することですが、これは一般の企業データと同じセキュリティー対策を講じます。つまり、ファイヤー・ウォールやデータの暗号化、イントルージョン・ディテクション（侵入検知）・システムといったものです。

3-07　　エレメント分析—マルチ・ドローン・ユース

　業務に商業ドローンを使う場合、特定のメーカーや機種に限定することなく、必要に応じてさまざまな機種を同時に運用することが理想です。

　たとえば、電力会社が「太陽光発電」と「送電線」設備を検査したい場合、機材も飛行方法も分析ソフトも違います。太陽光発電であれば、一定の高さで発電パネルを高精度カメラで精査しますが、晴天であれば太陽の反射などでデータが取れない部分もあり、時間を変えてフライトを繰り返すでしょう。

　一方、送電線では最初にライダー（レーザー光線を使ったレーダ）で3次元の正確な地図を作成し、このマップに従って長距離・長時間飛行ができる固定翼ドローンを飛行させます。比較的高いところでも、樹木の枝が伸びて送電線に悪影響を与えないかどうか判別できます。そのうえで、チェックが必要な場所にマルチローターを飛ばし、低速で高さを変えながらさまざまな角度から撮影するでしょう。

　また、商業ドローンの技術革新はペースが早く、次々と新しい機能を載せた機体が開発されています。1年から2年もすればオールド・モデルになります。そのため米国では機体を購入せず、短期のリースで利用する企業も増えています。

　つまり、企業が本格的に商業ドローンを活用するとすれば、さまざまな機材とさまざまな飛行計画を一元的に管理できなければコスト削減や業務の高度化はできません。このようなさまざまな機種をさまざまな条件に応じて利用しながら、一元的に管理することが「マルチ・ドローン・ユース」です。

　現在、実用レベルでのマルチ・ドローン・ユース機能を搭載するフライト・プランナーやフリート・マネージメント・ソフトはありません。おそらく、配送ドローン・システムを開発しているアマゾン社は、このような高度なマルチ・ドローン・ユー

第3章　ドローン・ビジネスのエコシステム

スに近いシステムを持っているでしょう。

　ただ、あと1〜2年すれば、こうしたマルチ・ドローン・ユースが可能になるでしょう。たとえば、中国ディージェイアイ社は2017年11月にコロラド州デンバー市で開催したDJI AirWorks Conferenceで、運行管理アプリ「FlightHub」を発表しました。これは同じ空域（テレメトリー・ドメイン）内でディージェイアイ社の商業ドローン「Wind」シリーズを複数操縦できるものです。

　操縦と並行して複数のドローンを監視（フリート・マネージメント）することができ、最大4つのドローンカメラ映像を同時に流すことも可能です。

　また、ログ（飛行記録）機能によりパフォーマンス解析や規制遵守の確認ができ、フライトの再生、保守追跡に加えて役割・権限別のチーム管理機能も備えています。ただ、FlightHubはディージェイアイ製のドローンしか操作できず、各社の高性能なドローンを自由に組み合わせて利用することができません。この運用方法は、厳密に考えるとマルチ・ドローン・ユースではなく、集中管理アルゴリズムによるスワーム・ドローン運用です。これについては、後ほど詳しく述べます。

　米国では、そうした異種混合機体の運用ソフトを開発しているベンチャーもいますので、近い将来、本格的なマルチ・ドローン・ユースがお目見えするでしょう。また、筆者がコンサルティングしている日本企業でも、こうしたマルチ・ドローン・ユースに対応する準備を進めています。

3-08 エレメント分析—ドローン・ネットワーク

　先のネットワーク・セキュリティーでも少し触れましたが、たとえばドローンを用いてガス・パイプラインや送電線などを視野外飛行で検査する場合、広域ネットワークを使う必要があります。

　ネットワークの種類も、４G LTE などのモバイル・ブロードバンド、光ファイバーなどの固定回線、衛星通信などの組み合わせになりますし、制御信号（C2：Command and Communication）をやり取りするのか、収集したデータを転送（Payload Communication）するのかも重要です。

　いずれの組み合わせにせよ、いつでも必要に応じて確実に交信できること、つまり常時接続性の確保がドローン・ネットワークでは欠かせません。

　たとえば、米国で送電線のドローン・インスペクション分野を切り開いたシャーパー・シェープ（Sharper Shape）社の場合、マルチ・シム方式による制御信号のやり取りをおこないます。

　米携帯業界はベライゾン・ワイヤレス、AT&T モビリティー、T モバイル US、スプリントの４社が大手です。送電線の点検は山岳地帯など電波が届きにくいところを飛ぶため、シャーパー・シェープ社のドローンには、この４社の携帯信号が受信できるように４枚のシム・カード（マルチ・シム）を乗せて、電波強度に合わせて自動的に切り替えています。

　実際の飛行では、オートパイロットによる自律飛行をおこないます。これは４G LTE では 100 ミリ秒程度の遅延が発生するので、正確な遠隔操作ができないからです。とはいえ、どこをどのように飛んでいるかは、モバイル網を経由してオペレーターが把握します。もちろん、信号はセキュリティー確保のため暗号化されています。

　実際の映像データを見せてもらいましたが、送電線の碍子に

第3章　ドローン・ビジネスのエコシステム

ある「ひび割れ」や「アース線の切断」までを発見できる高精度の写真に、コロナ探知機も付いているので放電なども検出できます。現在は、専門エンジニアが画像をチェックしていますが、将来はAI（人工知能）による自動検出をおこなう予定です。

一方、シングル・シム方式は固定翼の大手デルエアー・テック（Delair Tech）社が採用しています。これは欧州の大手携帯事業者ボーダフォンがIoT（機械のためのインターネット）通信のために提供しているグローバル・ローミング・サービスを利用します。ひとつのシムですが、各地域の提携先と接続するため、日本を含め世界の広い範囲で利用できます。

人の住んでいない地域では、モバイル・ブロードバンドが使えません。そうした地域では衛星通信が威力を発揮します。

イリジウム・ネクスト衛星
（出典：同社ホームページ）

たとえば、イリジウム（Iridium）社のサービスは商業航空機向けが主ですが、最近はイリジウム・ネクストという新しい衛星を打ち上げて、ドローンなどのIoT向けサービスを充実させています。

そのほか、米国では3社ほどが、ドローン向け衛星通信に積極姿勢を示しています。また、日本ではエンルート社の親会社（株）衛星ネットワークがドローン衛星通信に関心を示しているようです。

ちなみに大型ドローンは、衛星通信を使ったC2通信（操縦信号のやり取り）で周波数割り当ても通信プロトコルも整備されており、技術が進んでいます。一方、小型商業ドローンについては、周波数の割り当てなどの議論がおこなわれている段階で、しばらくの間は、具体的なことは決まらないでしょう。

一方、カメラなど搭載機器で集めたデータを直接ネットワークで伝送することを「ペイロード通信」と呼びます。ペイロードとは積載物のことを指します。ちなみにドローンでは、カメラやレーダなどを総称してセンサーと呼びます。

カメラを搭載した商業ドローンによるテレビ中継などでは、4G LTEを使うことがあります。これは、典型的なペイロード通信です。

米国では、大手通信事業者ベライゾン・コミュニケーションズ（Verizon Communications）社が熱心です。同社は2015年から固定翼ドローンを使ってLTEを使った通信実験をおこなってきました。16年末にはドローン向け通信サービス「Airborne LTE Operations（ALO）」を予告しましたが、まだ実現していません。

実は商業ドローンに携帯ネットワークを使うのは、そう簡単な話ではありません。携帯チップの大手、米クアルコム・テクノロジーズ（Qualcomm Technologies）社は17年5月、LTE通信をドローンに利用した実験報告書を発表しました。

ベライゾン社がドローン用LTE研究に利用している固定翼ドローン
（出典：Verizon Wirelessホームページ）

同社は約1,000回の飛行実験を重ね、信号強度やスループット、遅延などのデータを収集し、「400フィート（約121メートル）以下の低高度を視野外飛行するためには4G LTEネットワークが有効」と結論づけています。

とはいえ、課題も浮き上がりました。商業用ドローンは高い

第3章　ドローン・ビジネスのエコシステム

ところを飛ぶため、多くの基地局電波を捉え、最適な基地局が決められないことや、地上の携帯端末と干渉を引き起こすことです。

ちなみに、米国ではドローン

クアルコム社のフライト・コントローラによる
ドローン展示　　　（撮影：筆者　17年CES）

に携帯モデムを使いデータ通信することは規制上問題ありません。第2章で紹介したプレジションホーク社の携帯電波を使った測位システム「ラタス」などがいち早く開発されたのはそのためです。

一方、日本ではドローンへの携帯モデム搭載は禁止されています。携帯電波免許は地上局に対して発行されており、空を飛ぶドローンに使うと違反になります。とはいえ、総務省の許可を得て、携帯各社は4G LTEをドローンに使う実験を進めています。近く日本でも、携帯モバイル・サービスを使えるようになるでしょう。

3-09 エレメント分析―運用設備オートメーション

　企業が小型商業ドローンを検討する初期段階は、試しに「小規模な飛行代行をしてくれる事業者に委託する」ことが多いでしょう。ドローンの効用や限界を確認する段階としては良いアプローチです。問題はその後です。そこから本格的に社内業務に導入する場合、スケールアップやオートメーション化をしなければ安定した業務が実現できません。

　よく聞く話として、委託先のオペレーターに頼りきりで、社内の業務スケジュールを組むのにオペレーターの都合が優先されてしまう弊害です。もちろん、特殊な業務には専属オペレーターが必要でしょうが、設備検査や森林／農地調査などの反復作業は自動化し、オペレーターの影響をできるだけ避けることが重要です。つまり、小型商業ドローンの自動運用です。

　こうした目的として研究開発されているのが、ドローン・イン・ア・ボックス（Drone-in-a-Box）です。これはドローンの離発着と保管管理を兼ねた地上操作設備で、遠隔操作や自動運転が可能です。

　ドローン・イン・ア・ボックスは、小型の商業ドローン格納庫にバッテリーの交換やデータの伝送、気象条件のチェックなど、ドローン業務に必要な作業を自動化しているものです。用途としては、鉱山や自然観察、大型ソーラー・ファーム（太陽光発電設備）の定期検査など、

エアロボティクス社のドローン・イン・ア・ボックス　　　　（撮影：筆者）

第3章　ドローン・ビジネスのエコシステム

僻地でオペレーターの確保が難しいケースや検査の自動化をしたいケースに利用されます。

たとえば、エアロボティクス（Airobotics）社は2017年春、イスラエル政府からドローン・イン・ア・ボックスの完全自律飛行の許可を取得しました。これは2年以上のフィールドテスト、10,000時間以上の試験データを集め、イスラエル政府からようやく飛行認可を得た、もっとも先進的なシステムです。

同社のシステムは、ちょっとした小型コンテナのサイズで、中には小型商業ドローン（積載重量1キログラム。時速36キロメートルで30分間飛行可能）が入っています。コンテナ内のロボットがバッテリーの交換なども自動でおこない、完全に無人で運行できます。現在オーストラリアの鉱石採掘事業者サウス32（South32）社が導入しています。

エアロボティクスは高い完成度と堅牢性を備えていますが、非常に高価な設備なので当面は遠隔の採掘現場や原子力発電所などの特殊な利用ケースに限られるでしょう。

このほか、アトラス・ダイナミクス（Atlas Dynamics）社は車の屋根に付けるドローン・イン・ア・ボックスを開発しています。これは完全自動というわけではありませんが、離発着のオートメーション化など興味深い機能が搭載されており、ドローン・イン・ア・ボックスの実用的なソリューションといえるでしょう。

アトラス・ダイナミクス社の車載型ドローン・イン・ア・ボックス　　　（撮影：筆者）

U.S. DRONE BUSINESS REPORT　　091

3-10 エレメント分析―アプリケーション・マーケット

　小型商業ドローンはモビリティー・デバイスですから、物を乗せて運ぶ「搬送」、あるいは計測機器を乗せておこなう「データ収集」というふたつの用途にしか使えません。もちろん、将来はロボット・アーム付ドローンが建設現場で作業をする―といった「モノを作る」用途も出現するでしょう。しかし、それは当分先の話です。

　現在、小型商業ドローンは、ほとんどデータ収集に利用されていると言って間違いないでしょう。つまり、カメラやビデオを乗せて写真や動画を撮影したり、レーザー・レーダーを使って地形などを計測する。あるいは、消防士がサーマル（熱感知）カメラ・ドローンで炎上する建物の消火計画を立てる、などさまざまな計測がおこなわれています。最近では、レーザー型爆発物感知システムを搭載したドローンも登場しています。

　このような多種にわたる計測は、ドローンに載せる計測器だけでなく、収集したデータを正確に分析できるアプリケーションの進歩が重要です。

　欧米では、多くの商業ドローン・メーカーが機体の製造販売だけでなく、クラウドを使ったデータ分析までおこなうソリューションを提供しています。これは計測データの分析は繰り返しおこなわれるので、継続的な売上が見込めるからです。

　なかでもマッピング・アプリケーションは、開発競争が激しい分野です。たとえば、使いやすさを追求しているドローン・デプロイ（Drone Deploy）社は、高いレベルの分析はできないものの、農業用計測など一般用途に利用されています。

　一方、最高の機能と品質を追いかけるピクス4D（Pix4D）社のような会社もあります。同社は搭載するレンズの光学特性まで計算に入れた高機能なマッピングを展開しており、やや専門知識は必要なものの、業務に利用できる高いサービスを提供

第3章　ドローン・ビジネスのエコシステム

しています。

　アプリケーションは分析分野ばかりではありません。たとえば、米マイクロソフト（Microsoft）社は2017年2月、自律運転システム向け深層学習シュミレータ「AirSim（ベータ版）」をオープンソースとして公開しました。同システムはAI（人工知能）研究者／開発者向けで、深層学習ソフトを使ってドローン向け衝突防止システムの開発に使用します。

　衝突防止アプリケーションを開発するために、実際の衝突実験を繰り返していては、いくら機体があっても足りません。一方、同システムではドローンの飛行性能や飛行ビデオ

マイクロソフト社のドローンAI学習ツール AirSim　（出典：Microsoft社ホームページ）

などを入力して、仮想の森林や都市などを自律飛行させ、AIアプリの学習を繰り返すことができます。

　ドローン・アプリを概観すると、自社の機体や運行アプリに合わせて分析アプリを提供する垂直統合モデルが多いのが現状です。こうした垂直統合モデルは、企業が機体や運行アプリにロックインされてしまうデメリットがあります。

　しかし今後、ドローン運用においてスタンダードなオペレーションや機体の規格化が進めば、オープンに活用できるアプリケーションも増えていくでしょう。まだ議論の段階ですが、欧米ではそうしたアプリケーション・エクスチェンジ・ビジネスを検討している事業者も増えています。

第4章
ドローン配送の
ビジネス・モデル

本章のポイント

　本章では、ドローン配送のビジネス・モデルを分析します。

　同サービスは、米アマゾン（Amazon）を筆頭に世界中で注目を浴び、電子小売事業者や配送事業者が熱心に商業化に取り組んでいます。しかし、ドローン配送の広域サービスは、高度な地上インフラが必要なため、その実現は2020年以降となるでしょう。

　地上インフラとビジネス・モデルの関係について、本章では4世代に分けて検討します。

- 第1世代（ドローン黎明期）
- 第2世代（ドローン点検）
- 第3世代（限定ドローン配送）
- 第4世代（新物流システム）

　またドローン配送の3大ビジネス・モデルについては、以下の3モデルを分析します。

- 直送モデル（配送センターからのドローン直送、俗称アマゾン・モデル）
- トラック・モデル（配送トラックからのドローン配送）
- ステーション・モデル（ドローン・ステーション間でのドローン配送）

第 4 章　ドローン配送のビジネス・モデル

　ドローン配送はすぐには実現しませんが、その省エネ効果と
コスト削減効果を考えれば、長期プロジェクトとして大手企業
がもっと真剣に検討すべきプロジェクトです。

・簡単な試算をすると、ドローン配送の省エネ効果は配送
　トラック（内燃機関）に比べ、18 分の 1 程度になります。
・また、そのコスト削減効果（ビジネス・モデルによりますが）
　は、少なくとも配送トラックの半分になるとの報告もあります。

　なお米国では、アマゾン社を中心に商業ドローンを民間主導
モデルにするための討議が繰り返されました。これにより多く
の民間企業が参入できる業界構造へと商業ドローンは向かって
います。

4-01 商業ドローン・ビジネス・モデル

2013年12月1日、「アマゾン・プライム・エアー」が米ニュース専門チャンネルCNN（シーエヌエヌ）で紹介されました。有名なアマゾン（Amazon）社のドローン宅配実験です。

世界に商業ドローンブームを作ったアマゾンのドローン配送ビデオ（出典：Amazon Prime ホームページ）

その映像は、小さなコンテナが同社配送センターのベルトコンベアーに流れる場面から始まり、ドローンに積み込まれ、戸建て住宅の玄関先に投下されるものでした。ビデオはネットに公開され、全世界中で繰り返し流されました。

この衝撃的なビデオが、現在の商業ドローン・ブームの火付け役だと言っても良いでしょう。

そのためか、いまでも小型商業ドローンといえば「配送ビジネス」がよく取り沙汰されます。しかし、ビジネス・モデルの観点から考えると、ドローン配送は高度な地上インフラが必要なため「事業化がもっとも難しい」モデルです。言葉を変えれば、当分普及しないサービスといえます。

にも関わらず、アマゾン社だけでなく、小売最大手のウォールマート（Walmart）社や電子小売に参入した米グーグル（Google）社、配送大手のディー・エイチ・エル（DHL）社やユー・ピー・エス（UPS）社、米国郵便局（USPS）やスイス郵便局などが熱心に商業化に取り組んでいます。日本では、電子小売の楽天や日本郵便なども実験を続けています。

当分実現できそうもないドローン配送に"なぜ"アマゾン社やグーグル社は熱心なのでしょうか。この疑問を解き明かすため、ビジネス・モデル分析の最初として、ドローン物流モデルについて分析してみましょう。

4-02 ドローン技術をインフラから考える

　弊社アエリアル・イノベーションでは、ドローン配送が本格化する時期を 2020 年以降と予想しています。その理由は、すでに述べた通り「高度な地上インフラ」が必要だからです。

　まず、高度な地上インフラとビジネス・モデルの関係について説明しますが、そのために商業ドローンのビジネス・モデルを第 1 世代から第 4 世代に分けて考えます。

ドローン発展の4段階

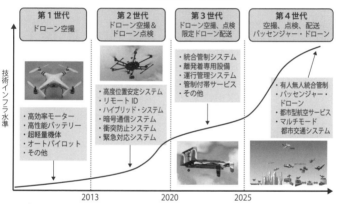

※巻末－拡大資料（7）参照　（出典：アエリアル・イノベーション）

　第 1 世代は、ドローン・ビジネスの黎明期で、ホビー・ドローンを飛ばして楽しんでいた段階です。2013 年 1 月に登場したディージェイアイ社のファントムは、プロシューマー時代を切り開き、米国の不動産事業者が物件の紹介にドローン空撮ビデオを利用するなど、業務にも使われるようになりました。

　また、「ドローン・カメラ」もブーム前夜でしょう。中国メーカーを中心にドローンの小型高性能化が進んでおり、手のひらサイズで 4K ビデオが撮れるため、近い将来、自撮り棒の代わりにドローン・カメラが利用されるかもしれません。

この第1世代では、モーターの高効率化やバッテリーの高性能化、軽量な機体、安定した飛行ができるオートパイロットなど「飛ぶための基本」を追求しました。地上インフラを必要としない時期です。

一方、現在は第2世代。橋やビルの外壁など、人手では危険性をともなう検査業務をドローンで代行させる「ドローン点検」時代です。

オペレーターによる見通し距離飛行を前提に、カメラなどを使った衝突防止システムや高度な通信システム、パラシュートなどの緊急対応システムなど、「正確で安全に飛ぶ」ための技術が追求されています。また、車のナンバー・プレートに当たるドローン・リモートIDの検討も進んでいます。

第2世代は、正確に位置を把握するための電波ビーコン（地上基準局）などを利用しますが、基本的には地上インフラを必要としない運用が中心です。

しかし、2017年頃から長距離／広域のドローン点検が徐々に利用され始めています。これが本格化すれば、時代は第3世代に突入します。

視野外飛行を前提とした送電線や鉄道レール、ガスパイプラインの検査などが典型例です。また、第2章で紹介したネバダ州の緊急通報センター事業者レムサ社が狙うAED（自動体外式除細動器）のドローン緊急配送も、第3世代に属します。

同世代の初期は、少なくとも携帯データ網や衛星通信網、簡易の地上レーダー設備、低高度向け気象システム、リモート充電ステーションなど、軽度の運用インフラが必要です。

しかし、アマゾン社が狙う数百機単位のドローン配送には、ほど遠い状況です。そうした大規模運用では、広域の統合運行管制システム（UTM）が必要です。同システムの内容は第1章でご紹介した通りで、その登場は2020年以降…、第3世代の後期になるでしょう。

第4章　ドローン配送のビジネス・モデル

　たとえば、米国では 2015 年頃から NASA（連邦航空宇宙局）が統合運行管制システム（UTM）の研究開発に着手し、プロトタイプの開発を 19 年頃に終了する計画です。その後、FAA（連邦航空局）と民間が整備を進めるでしょう。

　欧州では EASA（欧州航空安全機関）が SESAR（単一欧州航空管制研究プログラム）と連携し、16 年頃から欧州版の統合運行管制システム「ユースペース（U-Space）」の開発を開始しています。

　ユースペースは米国の NASA-UTM に類似していますが、後発ということもあり、大型ドローンを含めたモビリティー・スマート・シティの概念が盛り込まれています。これも 2019 年から 2020 年頃に第 1 段階の開発が完了、欧州各国が整備を開始する計画です。

　日本では、福島県に建設中のドローン・テスト・サイトを中心に NEDO（国立研究開発法人 新エネルギー産業技術総合開発機構）が、日本版統合運行管制システムの開発を進めています。これも 2019 年頃の開発終了を目指しています。

　つまり、日米欧の統合運行管理システムは 2020 年頃から整備が始まり、2023 年頃から本格的な利用が可能になるでしょう。ここでは詳しく述べませんが、欧米のドローンに関する規格団体の動きを見ても、本格的な運用は 2020 年以降といえます。

　アマゾン社やグーグル社が狙っている大規模ドローン配送は 2020 年以降…、おそらく「2023 年頃に実用レベルに入る」と弊社が予想するのは、こうした理由からです。

4-03 米アマゾンの狙うドローン配送

すでに述べたように、アマゾン社のドローン配送プロジェクトは、2013年にさかのぼります。発表当時のアマゾン・プライム・エアー計画は、同社配送センターから半径10マイル（16キロメートル）の地域に30分以内に商品を届ける野心的な内容でした。

配送重量は5パウンド（2.27キログラム）以下で、GPSと携帯アプリを組み合わせ、受取人の位置を確認して配達します。もちろん、配送ドローンの飛行は完全自動化を目指しています。

同社は当初、FAA（連邦航空局）の承認を得て2015年に本サービスを実施したいと考えていました。しかし、15年2月に発表された小型商業ドローンの暫定規制では視野外飛行を認めておらず、「早期実現」は遠のきました。

それでも同社は15年3月に実験飛行の免許を受け、ワシントン州郊外で実験を開始しました。また、米国だけでなく、欧州でもドローン配送の導入を検討しており、規制緩和が進んでいる英国で実験をおこなっています。

ちなみに、同社は2016年にアマゾン・プライム・エアー社を設立しています。これはドローン配送とは直接関係なく、大型貨物機の自社運用をおこなう会社です。

同社は16機のボーイング767-300を含む、約40機の専用貨物機を所有しています。しかし、ドローン配送のアマゾン・プライム・エアーと区別するため、17年12月に社名を「アマゾン・エアー」に変更しました。

当初、アマゾン社は配送に使う機体に翼がないマルチ・ローター型を採用していました。しかし、2015年11月、マルチローター型をやめ、固定翼がついたハイブリッド・マルチローター型へ変更し、配送距離を従来の10マイルから5割アップの15マイル（約24キロメートル）に拡張しました。

第4章　ドローン配送のビジネス・モデル

同ハイブリッド型は、ローターで垂直離着陸をおこないますが、上空では水平翼と推進用ローターで巡航します。翼で浮力を得られるので、バッテリー消費を抑えながら、飛行距離を伸ばすことができます。

米アマゾンのハイブリッド・ドローン
（出典：Amazon）

同社は、2017年1月に離着陸時に翼部分を折りたたむタイプの特許も取得しており、ハイブリッド・ドローンの開発には意欲的です。また、同時期に競合相手のグーグル社も配送ドローン「プロジェクト・ウィング」でハイブリッド型を採用しています。

すでに述べたように、アマゾン社は2015年に早期サービス実現を狙っていましたが、国際ヘリコプター協会や国際パイロット協会などからの強い反発もあり、FAA（連邦航空局）

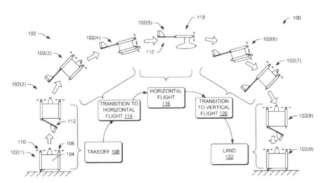

尾翼を折りたたむ米アマゾンのハイブリッド・ドローン特許
（出典：Amazon、米特許庁）

は商業化に慎重な姿勢を示しました。

　そこで同社は、米国政府に規制緩和を積極的に働きかけていきます。たとえば、同社は2015年のロビー活動費として940万ドルを投じ、ロビイストを2名から60名に急拡大しています。（Center for Responsive Politics 社調べ）

　同ロビー活動費が、すべてドローン関連に使われたわけではありません。当時、アマゾン社は電子書籍販売の独占懸念などの課題を抱えており、ドローンはその一部でした。とはいえ当時、連邦上院交通委員会で起草された法案では、ドローン配送に関する規制を2年以内に制定する条項が盛り込まれるなど、具体的な効果も出てきました。

　その後現在に至るまで、アマゾン社がドローン配送実現の大きな原動力となったことは、否定できません。もし、同社が米国政府に積極的に働きかけなければ、商業ドローンの普及は大きく遅れていたかもしれません。

第4章　ドローン配送のビジネス・モデル

4-04 統合運行管理システムをめぐる官民の戦い

2016年5月3日、ニューオーリンズ市で開催された世界最大のドローン展示会「エクスポネンシャル」でアマゾン・プライム・エアー社の代表グル・キムチ氏（現在は退職）が基調講演をおこないました。

同講演でアマゾン社は、ドローン配送ビジネス・モデルの基礎となる「航空管制運用案」を発表しました。同構想では、娯楽／商業ドローンの飛行を、用途と性能をもとに Basic（ラジコン）、Good（商業ドローン）、Better（商業ドローン）、Best（商業ドローン）の4つに分類しています。

アマゾンの航空管制運用案

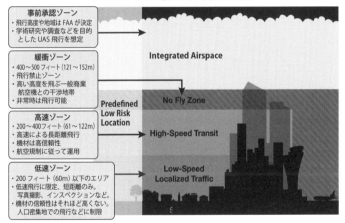

※巻末－拡大資料(8) 参照　（出典：Amazon、アエリアル・イノベーション）

都市部200フィート（61メートル）以下の部分は「低速ゾーン」とし、ドローン測量や点検などの視野内飛行を中心として、機体の要求性能も低く抑えます。人口が少ない郊外も「事前承認ゾーン」として規制緩和を進めます。

一方、都市部の200フィート（61メートル）から400フィー

ト（121 メートル）までは「高速ゾーン」として、ハイスピードでの運行を認めます。同ゾーンを飛ぶ商業ドローンには、衝突検知・回避技術および通信機能などの高度な機材を義務付け、ライセンスを持った操縦者に運行させます。墜落事故を起こさないため、有人航空機に近い厳しい条件を課すというものです。

　また、NASA（連邦航空宇宙局）が開発している統合運行管理システムに触れ、その重要性を認めるとともに、400 フィート（121 メートル）から 500 フィート（152 メートル）までの空域は、一般商業航空機との緩衝ゾーンとして飛行禁止を提案しました。

　この提案には、2 つの注目点があります。

　ひとつは、同社が高い信頼性を持つ商業ドローンを使って中距離配送も視野に入れていることです。ドローンは配送センターから垂直に高速ゾーンまで上昇し、その後目的地まで水平飛行して、目的地上空で再び垂直に降下します。将来登場すると予想される、小型トラック並の配送ドローンによる拠点間輸送も視野に入れているのでしょう。

　アマゾン社にとって、ドローンによる宅配は物流合理化プランの一部分に過ぎません。同社は将来、大型貨物機の無人化が進むことを前提に「大型無人貨物機による全米レベルでの配送」や「中型貨物ドローンによる拠点間輸送」も視野に入れ、最後に「小型商業ドローンによる宅配」をする壮大な無人流通システムを見据えています。

　もちろん、現実的に考えて「新無人物流システム」は同社の取り扱う貨物のほんの一部分に過ぎないでしょう。しかし、10 パーセントでも無人化できれば、同社にとって巨大なコストダウンにつながるのです。

　ふたつ目は、政府の規制を最小限にするビジネス・モデルの構築です。

　アマゾン社の空域提案は、ドローン配送を含むビジネス・モ

第4章　ドローン配送のビジネス・モデル

デルの考え方に大きな影響を与えます。特に、政府主導の厳しい空域管理を検討していたNASA（連邦航空宇宙局）やFAA（連邦航空局）には転換点となりました。

当時、米国のドローン業界では統合運行管制システム（UTM）による規制と投資問題について大きな議論が進んでいました。つまり、商業ドローンのビジネス・モデルは「政府が投資・運営するのか」あるいは「民間が投資・運営するのか」の大きな岐路に立っていたのです。政府主導モデルは、「ANSP UTM Model」と呼ばれ、民間主導モデルは「Pure Federation UTM Model」と名付けられていました。

過去、自動車や航空機産業では、政府が高速道路や空港を整備することで成長しました。しかし、自動車業界も航空業界も政府の厳しい規制によって、産業の成長速度は遅く、ごく少数のメーカーや運行事業者だけが生き残りました。

もし、政府主導モデルになれば、小型商業ドローンでもごく少数の限られた許認可事業者だけになるでしょう。これでは現在の商業航空機業界と同じです。アマゾン社にせよグーグル社にせよ、商業ドローンでは「航空サービスの大衆化」を目指しており、イタリアン・レストランがピザの配送に使えるような、開かれたドローン利用を目指しています。

そこでアマゾン社はインターネット・モデルを提唱します。コンピュータ業界やインターネット業界は政府の介入が最小限だったため、非常に多くのプレーヤーが参入し、産業自身も急速に伸びました。

2015年当時、NASA（連邦航空宇宙局）は政府主導モデルを採用していました。

有人航空管制システムと同じように、すべての離発着や着陸地点を政府機関が管理するモデルです。

しかし、商業ドローンは将来、1都市あたり数千機の需要が予想されており、政府主導モデルでは、連邦政府や地方自治体

U.S. DRONE BUSINESS REPORT　　105

政府主導の厳しい空域管理モデル

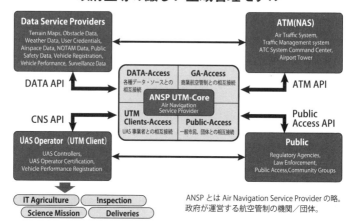

※巻末ー拡大資料（9）参照　　（出典：アエリアル・イノベーション）

が巨大な設備投資と運営費用を負担することになります。

　また、事故が起こった場合に政府が責任を問われます。それを回避するために規制は厳しいものになり、民間の利用意欲が減退して、料金も高くなります。そうなれば、政府の設備投資は無駄になり、運営費用の捻出もままなりません。日本の一部の地方都市空港と同じ課題を抱えることになるかもしれません。

　こうした理由からアマゾン社を筆頭に米国ドローン業界は、政府主導モデルに対し大きな懸念を示していました。そこで同社が独自の空域モデルを提唱し、民間主導モデルへと議論の方向を変えていったのです。

　アマゾン社は、さまざまな機会を使って民間主導モデルを提案しました。同モデルは、商業的に大成功した「インターネットと同じだ」と説明するのです。インターネットの黎明期は、ICAN（アイキャン）という民間の非営利団体が運用し、政府の規制介入は最小限となりました。

　おかげで、インターネットにはさまざまな民間事業者が投資

第4章　ドローン配送のビジネス・モデル

民間主導の自由な空域管理モデル

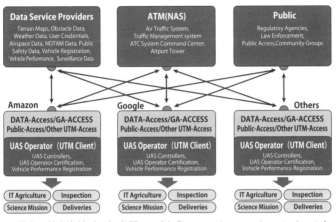

※巻末ー拡大資料（10）参照　　（出典：アエリアル・イノベーション）

し、いろいろなネット・ビジネスが生まれました。実際、世界最大の電子小売事業者として君臨するアマゾン自身が、そのことをもっともよく承知しています。

民間主導モデルでは、商業ドローンを運行する会社が、それぞれ個別に運行管理システムを整備します。ドローンの飛行経路が重複する場合は、各社のシステムがお互いに通信して調整します。トラブルが起これば、基本的に民間訴訟で処理し、政府は介入しません。

この場合、連邦政府は飛行免許の発行や有人機との事故防止に関する部分だけ、統合運行管理シ

UTM Convention 2016で基調講演をおこなうパリマル・コパルデッカー博士（NASA）
（撮影：筆者）

U.S. DRONE BUSINESS REPORT　107

ステムを構築します。州や地方自治体は、警察や消防などが使う運行管理システムを独自に構築するでしょう。民間主導モデルであれば、政府の投資と責任範囲は縮小されます。アマゾン社の主張は魅力的で、Global UTM Association（国際ドローン管制システム協会）など多くのステークホルダーが民間主導モデルに賛同しました。

そして NASA（連邦航空宇宙局）および FAA（連邦航空局）も、民間主導モデルへと舵を切ります。2016 年 11 月 8 日、ニューヨーク州シラキュース市で開催された UTM コンベンションで、NASA（連邦航空宇宙局）のパリマル・コパルデッカー博士は統合運行管理システム（UTM）の設計変更を示し、民間主導モデルの採用を発表したからです。

具体的には、FIMS（Flight Information Management System）という「飛行申請自動承認システム」と「飛行監視システム」部分を連邦政府が担い、そのほかの部分は民間に任せる内容でした。

これにより商業ドローンのビジネス・モデルは、民間投資の意欲をかきたてる方向へと進みました。

第4章　ドローン配送のビジネス・モデル

4-05 参入相次ぐドローン配送分野

　政策面で政府と交渉を続けるアマゾン社は、ドローン配送の技術開発も加速させます。

　たとえば、2016年5月にはオーストリアのグラーツ市にドローン向けコンピュータ・ビジョン（CV）技術開発センターを設立しました。同市にはコンピュータ・ビジョンの優秀な技術者がいるためで、彼らを使って衝突回避技術の開発を進めます。

　ドローンが空から配送物を地上に置く場合、地面と思ったら「プールの上だった」というようなことが起こります。そこで、人工知能による画像解析をおこない、着陸時に周りの物体などを検知・認識する技術が必要なわけです。

　ちなみに、小型商業ドローンにおける衝突回避技術は、以下の大きく4つに分かれます。米国では、それぞれの分野でドローン・ベンチャーが商業化に取り組んでいます。

小型商業ドローンにおける衝突回避技術

離着陸時衝突回避	着陸時に電線や電柱、木の枝、プールなどの水面、番犬や子供などを見分けて安全な着陸地点を探す技術	おもに高精細カメラやレーザー・レーダとコンピュータ・ビジョンの組み合わせ
短距離衝突回避	飛行中にビルや樹木などを認識して衝突を回避する技術。これにはドローンを襲う鷹や鷲などの猛禽類に対する回避技術も含む	
長距離衝突回避	数キロ先を飛ぶヘリコプターや航空機を識別し、早期に経路変更をおこなって回避する技術。有人機は高速で飛行するため、数キロ前から感知できなければ安全な回避活動はできない	おもに電波レーダー
有人機側衝突回避	規制上、飛行経路においては有人機が優先権を持ち、商業ドローンは回避義務を負う。しかし、実際上は事故を防ぐために有人機側も回避活動をしなければならない。そこで商業ドローンの進行方向や高さ、速度などの情報をまわりの有人機に知らせる無線信号を出す技術が必要	ADS-Bなどの空中衝突防止用無線システム

※巻末ー拡大資料（11）参照　　（出典：アエリアル・イノベーション）

U.S. DRONE BUSINESS REPORT　　109

技術開発と並行して、アマゾン社は知財戦略も強化していきます。2016 年から 17 年にかけて「プロペラに関する警告特許」、「ドローン街灯駐機場特許」、「フェイルセーフ通信特許」「ドローン・パラシュート特許」など、矢継ぎ早にパテントを取得していきます。

　また、2016 年 12 月には英国ケンブリッジ市での実験ビデオを公開し、ドローン配送が現実のものであることを印象付けています。同ビデオは、自律飛行ドローンが配送センターから近辺の住宅まで、約 13 分で配送する状況を記録したものでした。

　一方、アマゾン社に対抗して、グーグル社のプロジェクト・ウィングも研究開発を活発化させました。

　たとえば、2016 年、グーグル社と親会社のアルファベット（Alphabet）社は、オーストラリア南東クインズランド地区でドローン配送実験を実施しました。約 30 回繰り返された同実験では、幅 1.5 メートル、長さ 0.8 メートル、機体重量 8 キログラムの専用ドローンを使い、飛行高度は 40 〜 60 メートルでパッケージ重量は 2 キロでした。同社はその後、NASA（連邦航空宇宙局）エームスリサーチ研究所と提携し、米国でも飛行実験を繰り返し、技術を進歩させます。

　2016 年 9 月には、メキシコ料理ファースト・フード・チェーン、チポートレ・メキシカン・グリル社と提携し、バージニア工科大学のキャンパスでメキシコ料理のデリバリー実験を実施しました。これは、チポートレ社のフードトラック（屋台トラック）からドローンを飛ばし、空中に停止した状態でフード・コンテナが付いたケーブルをユーザーのところまで伸ばして配達する方式です。

　アマゾン社とグーグル社は激しい開発競争を展開していますが、そのほかにも小売大手のウォール・マート（Walmart）社やドローン配送ベンチャーのマターネット（Matternet）社、配送大手のディー・エイチ・エル（DHL）社やユー・ピー・

第4章　ドローン配送のビジネス・モデル

エス（UPS）社などが同分野で注目されています。

ウォールマート社は、2016年頃からFAA（連邦航空局）の免許が必要ない室内飛行で、ドローン配送の研究を続けていたようです。2017年に入ってから同社は、ニューヨーク州の中部、ローム市にあるグリフィス国際空港の設備を借りる一方、同自治体とドローン研究および試験サービスに関する2年間、167万ドルの契約を締結しました。

グリフィス国際空港は、FAA（連邦航空局）の公認ドローン・テスト・サイトのひとつで、大型ドローンや有人航空機を同時に飛ばせるクラスB空域にも対応した素晴らしい施設です。ニューヨーク州は、同地区を商業ドローン関連企業の集積地とすることで、同地域の経済振興を狙っています。また同地にあるシラキュース大学はNASA（連邦航空宇宙局）と提携して、商業ドローンの機体テストができる専用設備も建設中です。

なお、ウォールマート社は、配送だけでなく、物流センター内や店舗内業務の合理化でもドローン活用を狙っています。これについては後ほど、解説します。

グリフィス国際空港でおこなわれた大型無人ヘリによる消火作業実験風景
（撮影：筆者　2016UTM会議）

U.S. DRONE BUSINESS REPORT　111

4-06 ドローン配送の真価はコスト・ダウン

すでに紹介した通り、ドローン配送は規制面でもインフラ面でも多くの課題を抱えており、実現が難しい技術です。にもかかわらず、各国の物流事業者や電子小売事業者は、熱心にドローン配送を研究開発しています。

なぜ、それほどドローン配送は魅力的なのでしょうか。その理由を弊社は「省エネ」と「大きなコストダウン」と考えています。弊社が単純に積算しただけでも、宅配をトラックからドローンに変えると、エネルギー消費は「約18分の1」で済みます。

UPS：
307 W/hour for
1 pakage delivery

UPS：
3693 W/hour for
1 pakage delivery

(出典：UPS、Amazon、ChainLink Research、アエリアル・イノベーション)
※巻末－拡大資料（12）参照

細かい説明は省きますが、流通大手ユー・ピー・エス（UPS）社の「サステナビリティー報告書2012」では、1パッケージあたりの地上輸送に燃料を約0.113ガロン消費しています。これをエネルギーに換算すると約4,000ワット・パー・アワーとなります。

しかし、これはメーカーから流通センター（基幹流通網）を経由して宅配（末端流通網）する輸送全体の合計です。そこでドローンを利用する宅配部分（末端流通網の消費率）を割り出す必要があります。

第 4 章　ドローン配送のビジネス・モデル

　物流関係に強い調査会社チェインリンク・リサーチの資料をもとに、基幹流通網と末端流通網の費用比率を調べたところ、およそ「1 対 12 から 1 対 37」となります。つまり、船や列車、大型コンテナなどを使う基幹輸送部分と、末端の配送トラック部分の比率は 1 対 12 〜 37 ということです。1 対 12 なら、トラックによる末端流通網の消費エネルギーは 3693 ワット・パー・アワーとなります。1 対 37 なら、同じく 3894 ワット・パー・アワーとなります。

　一方、配送用ドローンの平均的なバッテリー容量は 200 ワット・パー・アワーです。1 回の配送毎にバッテリーを交換すると考えた場合、パッケージ 1 個の搬送（半径 10 マイル、5 パウンド）に関する消費エネルギーは 200 ワット・パー・アワーです。ちなみに、アマゾンの宅配パッケージは、7 割以上が 1 個 5 パウンド以下と報告されています。

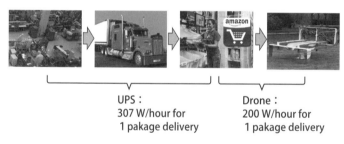

UPS：
307 W/hour for
1 pakage delivery

Drone：
200 W/hour for
1 pakage delivery

（出典：UPS、Amazon、ChainLink Research、アエリアル・イノベーション）
※巻末－拡大資料（12）参照

　こうして両者を比較すると、末端流通網におけるエネルギーコストは、トラック配送からドローン配送に切り替えることで、約 18 分の 1 のエネルギーで済むことになります。しかもドローンは電動ですから、ガソリンを使うトラック配送に比べ環境に優しい点も重要です。

　一方、アマゾン社のドローン配送に関するコスト分析は、さ

U.S. DRONE BUSINESS REPORT　113

まざまな専門家が試算しています。たとえば、物流コンサルタントのマーク・ウルフラット氏（MWPVL インターナショナル）は、配送距離10マイルでは1個あたり約4ドルと試算しています。また、アーク・インベスト社による試算では、1個あたり1ドルと積算しています。

アマゾン・ドローン配送に関するコスト比較

配送手段	配送センターからの距離	配送コスト
アマゾン・ドローン配送 (1)	半径10マイル（16キロメートル）	4.05ドル
	半径25マイル（40キロメートル）	4.69ドル
	半径50マイル（80キロメートル）	6.15ドル
	半径75マイル（120キロメートル）	8.53ドル
	半径100マイル（160キロメートル）	13.09ドル
アマゾン・ドローン配送 (2)	半径10マイル（16キロメートル）	1.00ドル

（出典：(1) MWPVL International、(2) Ark Invest）

アマゾンの同日配送（Amazon Prime Now）は1個7ドル99セントですから、配送距離が40キロメートルまでであれば、ドローン配送は約半分のコストになります。しかも、配送時間は注文から30分以内です。つまり、ドローン配送に切り替えれば、コストが半減できるだけでなく、大幅に配送時間が短縮されます。

これだけのコスト・ダウンとサービス向上が期待できるからこそ、多くの企業がドローン配送に真剣に取り組んでいるといえます。

第4章　ドローン配送のビジネス・モデル

4-07 ドローン配送における直送モデル

弊社では、ドローン配送のビジネス・モデルを大きく3つのタイプに分けて考えています。

ひとつ目は配送センターから直接ドローン配送をおこなう直送モデルです。俗に「アマゾン・モデル」と呼ばれています。ふたつ目は米大手配送事業者のユー・ピー・エス（UPS）社が実験している「トラック・モデル」、そしてドイツの大手配送事業者ディー・エイチ・エル（DHL）社が推進する「ステーション・モデル」です。

ドローン配送の3大ビジネス・モデル

	直送モデル	トラック・モデル	ステーション・モデル
基本コンセプト	配送センターからのドローンによる直接配送	ドローン離発着装置つき配送トラックによる配送	ドローン・ステーションを使った無人パッケージ配送
メリット	トラック配送に比べ省エネ、時間短縮が可能	配送トラックの効率運用が可能	無人ステーションでドローンによる自動配送を実現
対象エリア	需要が大きい都市部での配送	配送コストがかかる過疎地などでの配送	過疎地での自動配送、都市部やオフィス向け自動配送
配送距離	15マイル（24キロメートル）程度	1マイル（1.6キロメートル）程度	15マイル（24キロメートル）程度
主要プレーヤー	米アマゾン、グーグルなど	ユー・ピー・エスなど	ディー・エイチ・エルなど

（出典：アエリアル・イノベーション）

U.S. DRONE BUSINESS REPORT　115

まず、アマゾン・モデル（直送モデル）について、もう少し補足しましょう。

　アマゾン社やグーグル社、ウォールマート社などの大手電子小売が狙うこのモデルは、取引量が多く、大都市近郊に配送センターを持っている事業者に適しています。アマゾン社の場合、同日配送の便利さが売り物ですが、ドローン配送では15マイル（約24キロメートル）以内で注文から30分以内を狙っています。こうなると近所に買い物に行く感覚といえます。

　このモデルでは、「配送センターの効率化」と「配送地域の

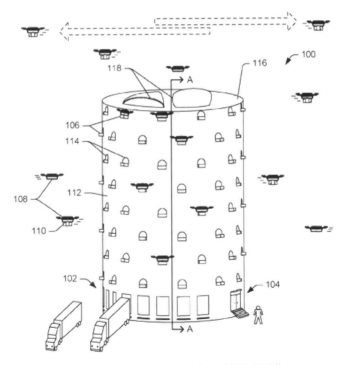

高層ビル型配送センター　（出典：米特許庁資料）

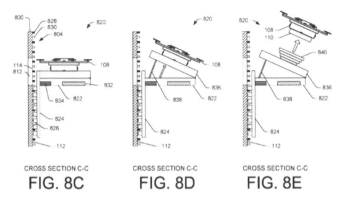

高層ビル型配送センターの離発着ポート　(出典:米特許庁資料)

拡大」がキーポイントとなります。たとえば、2017年6月、アマゾン社はドローン配送を効率的におこなうタワー型ドローン配送センターに関する特許を取得しています。

30分以内の到着を目指すドローン配送では、ユーザーに近い都市部に配送センターを多数設置する必要があります。その場合、郊外型の広い低層倉庫や配送センターは、不動産が高い都市部ではコスト的に建設が困難でしょう。

特許を取得した配送センターは狭い敷地に広い床面積を確保する「高層ビル」となっており、トラックはタワー地上階のドックで貨物を下ろします。

タワーの上部には離着陸ポートが設置された多数の窓があり、タワー中央にはドローンに荷物を装着するロボットや電池を交換するロボット、ドローンを移動させるロボットなどを設置する構造になっています。一見すると蜂の巣のような印象を受けます。

一方、2017年8月には、ドローン用移動型配送センターの特許も申請しています。これは、ドローン配送に必要な地上配送設備や保守施設を列車やコンテナ船、大型トラックなどに搭

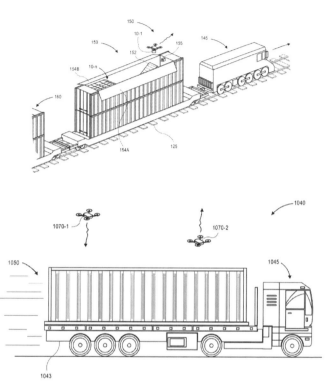

コンテナ型移動配送センター　(出典：米特許庁資料)

載するものです。

同コンセプトでは、配送用商品やドローンを積み込み、商品を届ける地域に輸送することで「どこからどこへでもドローン配送可能」というコンセプトを目指しています。

当初は、オリンピックやサッカー・ワールドカップなどのイベントで、会場近くに移動配送センターを送り、ドローンで商品を配送するといった利用が想定できます。また、災害時の緊

第 4 章　ドローン配送のビジネス・モデル

急支援物資の配送にも利用できるでしょう。コンテナは標準サイズなのでコンテナ船や大型トラックにそのまま搭載でき、離着陸用ドアが上面にあります。

　また、アマゾン社は配送距離を伸ばすために中継施設の特許も取得しています。これは路上の街灯や携帯基地局を、ドローンの駐機場および充電システムとして利用する特許です。

　都市部では既存の街灯や携帯基地局を利用しますが、過疎地では専用のタワーやポストを立てて、同駐機施設を展開することも可能と同社は考えています。

　現在の計画では 15 マイル（約 24 キロメートル）ですが、このドローン街灯駐機システムを活用すれば、配送距離を大幅に伸ばすことができるほか、気象条件が急に悪化した場合などに、一時的な退避場所としても活用できるでしょう。

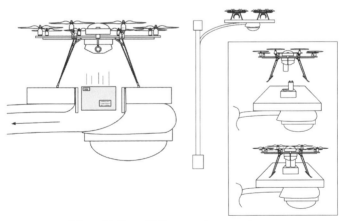

街灯などを使った駐機チャージ・ステーション
（出典：米特許庁資料）

コラム2

アマゾンの突拍子もない特許

アマゾン社は、飛行船や気球を使って「高々度に滞在する配送センター」という突拍子もない特許も取っています。

「エアーボーン・フルフィルメント・センター（AFC）」と名付けられた同物流センターは、気球や飛行船を使って高度4万5,000フィート（13.7キロメートル）の高々度に滞在します。商業飛行機が飛行する高さをはるかに超えます。

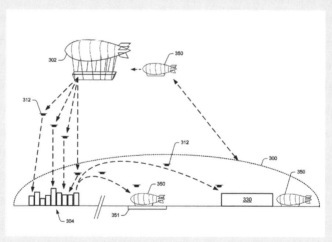

エアーボーン・フルフィルメント・センター　（出典：米特許庁資料）

第4章　ドローン配送のビジネス・モデル

　顧客が商品を注文するとAFCからドローンが下りてきて短時間で配送します。アマゾンは「上空からドローンが滑空して配送することで、離着陸を繰り返す従来のドローン配送に比べてエネルギーの節約が可能」としています。

　約14キロメートルの上空は一般商業機の航路よりも高く、どちらかといえば成層圏に近い場所です。この空域は、高々度ソーラ・ドローンなどが飛ぶ新しいビジネス領域として注目されています。とはいえ現時点では、このAFCは突拍子もないアイデアとしかいえません。

　たとえば、地上の気温が摂氏15度でも高度14キロメートルでは氷点下40度を下回る超低温です。そんな極寒では、バッテリーは動かず飛行することは困難です。しかも、空気が薄い過酷な環境ですから、地上で使っているプロペラでは浮力を十分に得られません。可変ピッチ・プロペラと回転数を大きく変えられる特殊軽量モーターなどの高度な技術が必要です。

　とはいえ、アマゾンがドローン配送関連でさまざまな特許を押さえようとしている点は興味深いと言えるでしょう。

U.S. DRONE BUSINESS REPORT　　121

4-08 ドローン配送におけるトラック・モデル

次に、配送トラックの合理化を狙う「トラック・モデル」について分析してみましょう。

トラック・モデルとは、トラック配送とドローン配送を組み合わせるやり方です。つまり、トラックで配達先の近くまで商品を運び、最後の部分（1〜2キロメートル以下）でドローンを使います。

ワークホース社の HorseFly システム
（出典：ワークホース）

たとえば、オハイオ州ラブランド市のワークホース・グループ（Workhorse Group）社は、配送大手のユー・ピー・エス社向けにドローン配送トラックを開発しました。同社は、もともと配送用のハイブリッド電動トラック・メーカーです。

同社の「HorseFly 配送ドローン・システム」は、ドローンの発着ステーションを屋根に取り付けた電動トラックです。ドライバーは、車内からドローンの下部に取り付けられた配送用のケージ（カゴ）に商品を入れて発進させます。

当初のモデルは、ドローンを携帯ネットワークで遠隔操作する方式でした。トラックに LTE モデムを搭載し、ドローンのカメラを使って遠隔オペレーターが操縦するやり方です。運転手はドライブに専念でき、ドローン操作は遠隔のオペレーション・センターで集中管理するという、なかなか良いアイデアでした。

しかし、FAA（連邦航空局）は商業ドローンの視野外飛行

第4章　ドローン配送のビジネス・モデル

HorseFly システムは当初、携帯網で遠隔操縦を検討していた　　　（撮影：筆者）

に慎重な態度を崩していません。携帯ネットワークを使った遠隔操作は当面実現できないと考えた同社は、現在、自動飛行システムの開発も進めています。

これは運転席に取り付けられたディスプレイにマップを表示させ、配送先を指定するとドローンが配送に向かうというものです。

そもそもトラック・モデルのメリットは、ドライバーの補助としてドローンを使うことで、時間あたりの配送個数を増やす点にあります。そこでトラックの配送ルートとドローンの配送ルートを比較検討して、どのパッケージをどちらの方法で配送するかを決定する機能が重要になります。つまり、トラックを中心とする簡易運行管理システムと考えれば良いでしょう。

2017年2月、物流大手のユー・ピー・エス社はワークホース・グループと提携し、フロリダ州でドローン搭載配送トラックの実験に成功しました。飛行中もトラックは別の配送先に向かっ

て配送を続けるため、時間あたりの効率が高まる仕組みで、運転手はドローンのコンテナに荷物を載せ、タッチパネルで事前に登録された行き先を指定するだけです。

　同実験に利用されたドローン「HorseFly」は、積載重量が約4.5キログラム、飛行時間が30分で、トラック上に設置された発着ドックで充電もできるようになっています。ドローンは配送後、自動的にトラックに戻ってくる仕組みで、ユー・ピー・エス社では輸送コストの高い過疎地に有効だと考えています。

　ちなみに同社は、2016年9月にドローン大手メーカーのサイファイ・ワークス（CyPhy Works）社の機体を使って、へき地やアクセスが困難な地域を対象とした商業ドローン配送実験を実施しました。

　これは、ボストン市周辺の離島を対象にした医薬品配達で、2パウンド（約1キログラム）の荷物を水上約3マイル（約4.8キロメートル）を飛行して、到着予定地の草原に着陸させています。飛行は視野内飛行で実施されました。これはドローン配送の下調べを進めていたと考えられ、この時点では同社はアマゾン・モデルも検討していたと推測されます。

　その後、同社はトラック・モデルに焦点を絞ったようです。アマゾン・モデルはそもそもドライバーを減らして（無人化）コストを下げるモデルです。ですが、ユー・ピー・エス社のドライバーは労働組合メンバーであり、アマゾン・モデルの導入には反対するでしょう。

　トラック・モデルであれば、ドライバーの雇用を確保したまま、1日あたりの配送数を増やすことができます。ユー・ピー・エス社としては、この点を考慮したのでしょう。ちなみに、組合が弱いフェデックス（FedEx）社では、状況は違ってくるかもしれません。

　なお、ワークホース社は現在、米国郵便局向けにもHorseFly配送ドローン・システムの売り込みを進めています。

第4章　ドローン配送のビジネス・モデル

4-09 ステーション・モデルを狙う DHL

　ドローン配送における第3のビジネス形態が「ステーション・モデル」です。

　ドローン・ステーションの説明ですが、第3章のエコシステムで紹介したドローン・イン・ア・ボックス（Drone-in-a-Box）を思い出してください。

　商業ドローンを運用するためには、離発着スペースだけでなく、充電器や通信設備などが必要です。また、天候のチェックなども欠かせません。普通は、こうした作業をオペレーターがおこないます。

　こうした付帯作業をまとめてドローンを自動運行するためのシステムが、ドローン・イン・ア・ボックスでした。同ボックスは、遠隔地における自然観察や気象観測、大型農業法人による精密農業、鉱山などでの進捗状況監視など、オペレーターの確保が難しい場所での利用が想定されています。

　これをドローン配送用に活用することもできます。ドローン・イン・ア・ボックス・モデルと呼んでもよいのですが、意味が広くなりすぎるため、ここではドローン配送に特化して「ドローン・ステーション」という言葉を使い、そのビジネス・モデルを「ステーション・モデル」と呼びます。

　このモデルでは、ドイツの配送大手ディー・エイチ・エル（DHL）社によるパーセルコプター・プロジェクトが有名です。

　同社は、2013年にドローン配送に関する研究チームを発足させ、配送ドローン「パーセルコプター 1.0」を開発します。同 1.0 は手動操縦のマルチローター・ドローンで、ボン市内の川を渡って医療品を配送する実験に成功し、翌 14 年には、改良型でより長距離の医療品搬送の実験をおこないました。

　その後、同社はパーセルコプター 3.0 で本格的なドローン・ステーションを開発しています。同 3.0 では、機体をマルチ

U.S. DRONE BUSINESS REPORT　　125

ローターから翼付eVTOL（電動垂直離着陸機）に変更しました。

eVTOLは翼を上に向け、ヘリコプターのように垂直に離着陸ができ、上空に上がると翼

DHL社のパーセルコプター3.0
（出典：DHL Homepage）

を水平にして飛行機のように飛びます。機体の翼幅は2メートル、重量は14キログラムで、積載できる重量は2キログラムです。雨が降っても飛行できる全天候型自動飛行で、夜間飛行も可能です。

同社は、この機体にあわせてドローン・ステーションを開発し、それをスカイポートと呼んでいます。バッテリーの交換やコンテナの積み下ろしができるロボットアーム、簡単な気象観測システムなどが搭載されています。

スカイポートは無人でパッケージを配送することが前提で、ユーザーは暗証番号を使ってパッケージ投入口を解錠します。そして配送品を収めると、ロボット・アームが自動的にパーセルコプター3.0に搭載して発進します。

受け取り側のスカイポートに到着すると、今度はパッケージを下して、受取人がやってくるまで保管します。受取人は暗証番号で受取口のドアを

DHL社のパーセルコプター3.0とスカイポート
（出典：DHL Homepage）

第 4 章　ドローン配送のビジネス・モデル

開けて荷物を受け取ります。もちろん離発着も完全に自動で、正確な着陸地点を見つけるため、GPS と RTK（Real Time Kinematic）という電波補正制御を使っています。

　実験飛行は、ドイツのバイエルン州南東部のライトイムウィンクル市（平地）とウィンクルムーサレム市（山岳部）の間で 2016 年 9 月に実施されました。飛行距離は 8 キロメートルで離着陸地の高度差は約 500 メートルです。実際の飛行時間が 8 〜 9 分程度でした。

　ディー・エイチ・エル社は、ドイツ国内の駅などにパッケージを受け取るためのパーセル・ロッカーを 3,000 カ所以上設置しています。もし、規制緩和が進めばマンションやオフィスの屋上などにスカイポートを設置して、迅速にドキュメントなどを配送することが可能になるでしょう。

　ちなみにディー・エイチ・エル社はこうした実績を持つため、ドイツ航空管制局（DFS）とドイツテレコム、アーヘン大学と共同で、ドローン運行管理システムの実験を進めています。2017 年 DFS Technology Conference で発表された内容によると、有人管制システムと無人管制システムの統合を目的としています。同実験では消防関連、精密農業、配送の 3 分野に焦点を絞り、ドイツテレコムが携帯網を活用したドローン位置測位システムを開発する予定です。

4-10 固定翼ドローンを使う途上国モデル

最後に、途上国で注目を浴びている固定翼ドローンによる配送モデルをご紹介しましょう。

このモデルで最も有名なのは、シリコンバレーのドローン配送ベンチャー・ジップライン（Zipline）社です。固定翼ドローンの特徴は長距離・長時間飛行ができる点ですが、マルチローターのように垂直離着陸ができないため個別配送には向かないと考えられていました。

ジップライン社はパッケージをパラシュートで投下するという方法で、固定翼によるパッケージ配送を実現しています。

2016年10月、同社はアフリカのウガンダで最初のドローン配送を成功させました。道路や公共交通機関が十分に整備されていない同国では、病院への医療品搬送が大きな問題となっています。そこで必要な血液を固定翼ドローンで搬送し、病院の庭にパラシュートで降ろします。

同サービスでは、初日に21回も輸血用血液の搬送がおこなわれました。ドローンの離陸にはランチャーと呼ばれる加速システムを使います。搬送先の上空に来ると、周回飛行に移り、自動的にパッケージが投下されます。パラシュートは小型のものを使い、風で遠くに流されないように工夫がしてあります。

飛行距離は150キロメートルなので、半径70キロメートル程度の地域をカバーできます。1回に1.5キログラムの血液を輸送でき、飛行時間は30分程度です。トラックによる輸送に比べると時間もコストも圧倒的に安く、騒音もないことが、固定翼ドローン配送の魅力です。

現在、同国西部21カ所の医療機関に搬送でき、1日最大150回の配送が可能です。ウガンダ政府は同国東部にサービスを広げ、1,100万人の市民にサービスを拡大する予定です。

同サービスは、配送大手のユー・ピー・エス（UPS）社がジッ

第 4 章　ドローン配送のビジネス・モデル

ジップライン社による血液輸送　（出典：Zipline ホームページ）

プライン社と提携し、UPS 財団から 110 万ドルの資金が提供されて実現しました。ジップラインによるウガンダでの配送業務は、2017 年 8 月時点で 1,400 回を超え、総飛行距離は 10 万キロメートルに達しています。

　ウガンダでの成功により、2017 年 8 月にはタンザニア政府もジップライン社の導入を発表しました。規模はウガンダよりも大きく、配送対象の医療機関は 5,640 ヶ所になる予定です。

　また、ジップライン社と同じような固定翼ドローン配送を中南米などで展開しようとする事業者も現れています。

　このパラシュート型配送は、人口が密集している先進国の都市では実現できません。ですが、全世界を見渡すと固定翼ドローンによる配送が必要な地域は非常に広く、さまざまなビジネス・チャンスが潜んでいると言えるでしょう。

U.S. DRONE BUSINESS REPORT

第5章
ドローン・インスペクション
のビジネス・モデル

本章のポイント

　本章では、インスペクション・ドローン（以下、ドローン点検）を使ったビジネス・モデルを分析します。

　ドローン点検は、商業ドローン利活用の大半を占めています。検査クレーン車やヘリコプターなどの専用重機を必要とせず、コスト削減効果が期待されています。また、高所や難所での作業を安全に実施できることもメリットです。

　とはいえ、ドローン点検は万能ではありません。用途や検査内容によって、逆にコストアップにつながることもあります。

　本章では、米国の中堅電力・ガス事業者サンディエゴ・ガス・アンド・エレクトリック（San Diego Gas & Electric）社を取り上げ、そのパイロット・プログラムを分析しながら、コスト削減効果を検討します。

　また、将来の商業ドローン導入を検討する上で重要なドローン・インテグレーターの活用についても簡単に触れます。

　後半では米大手鉄道会社ビーエヌエスエフ鉄道（BNSF Railway）社が取り組む大規模ドローン・レール検査について説明していきます。

　現在、米国でも日本でも、視野外飛行の禁止規制でドローンの自動操縦と長距離飛行ができない状況ですが、将来、商業ドローンの大規模自動運用は、大きなメリットを企業に提供することになるでしょう。

第5章 ドローン・インスペクションのビジネス・モデル

5-01 商業ドローン検査のメリット

本章では、商業ドローンによる検査業務を取り上げますが、そのメリットは大きくふたつに分かれます。ひとつはコストダウン。もうひとつは安全な作業環境の確保です。

コストダウンは、作業時間の短縮や作業の簡易化が重要なポイントです。たとえば、橋梁の検査では、橋の下までアームが伸びる特殊な車両を使って検査したり、人が橋桁から登ったり、ロープでぶら下がって検査します。

また、携帯電話の基地局やテレビなどの放送塔では、人がロープにぶら下がって検査をしたり、ヘリコプターを使用します。建物の外壁では、窓の清掃用ゴンドラなどを利用するので、そうした風景を目にする方もいるでしょう。

このような作業は、ヘリコプターや専門重機のコストが高いこと、作業に危険性がともなうことが課題です。実際、米国には数十万本の携帯タワーがありますが、その検査作業で毎年、数名の死亡事故が起きています。

商業ドローンを利用することで、こうした検査作業を短時間で安全にできれば、企業にとって大きなメリットが得られます。

実際、スカイ・フューチャーズ(sky-futures)社は、石油業界では世界的に有名なドローン検査事業者です。彼らのドローン検査は、契約額が数千万から数億円にも達します。では、なぜ企業はドローン検査に、それほど高額

(出典:スカイ・フューチャーズ社ホームページ)

U.S. DRONE BUSINESS REPORT 131

な費用を投じるのでしょうか。

　現在、同業界では、石油関連の設備を止め、作業員が足場などを組んで検査します。数カ月ごととはいえ、一定期間設備を止めなければなりません。設備を止めている期間は生産できないため、その損失は数億円になるでしょう。もし、「操業しながら」あるいは「停止期間を短縮」できれば、その費用削減効果は巨額です。加えて、作業員の安全確保も商業ドローンを利用する大きなメリットです。

　スカイ・フューチャーズ社は、産業設備のドローン検査に特化して、必要に応じてさまざまな機体やセンサーを利用します。現場作業だけでなく、得られた画像データを AI 分析する後処理工程も、独自のソフトウェアを開発して提供しています。同社は最近、港湾設備や造船業界などにも進出して、こうしたトータル・ソリューションを提供しています。

　一方、一般の企業ユーザーにとって、こうした大規模な商業ドローン検査は必要ないでしょう。その意味で、次に紹介するサンディエゴ・ガス・アンド・エレクトリック社はドローン点検のパイオニアとして有名で、良い参考となるはずです。

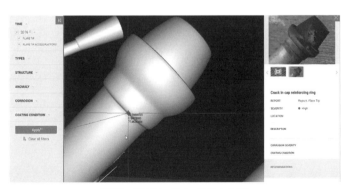

（出典：同社YouTubeビデオより）

第5章　ドローン・インスペクションのビジネス・モデル

コラム3

エアーガイとロボットガイ

　米国の商業ドローン業界人は大きくエアーガイ（Air Guy）とロボットガイ（Robot Guy）の2タイプに分かれているように感じます。

　エアーガイは商業ドローンを「道具（ツール）」と見るタイプで、パイロットなどの航空業界関係者やRC（ラジオ・コントロール・プレーン）愛好家、商業ドローンを現場で運用されているオペレーターの方が多いようです。自分で飛ぶ、あるいは飛ばすことが好きな方々です。

　エアーガイは、飛ばすことの難しさを語り、商業ドローンに「過剰な期待を抱かない」ように促します。自動化や合理化というより、難しい操作や技術を習得・運用することが好きです。

　一方、ロボットガイは、飛ばすことにあまり興味がありません。IT（情報処理）業界や通信業界などの出身者やドローン・ベンチャーに多いようです。

　ロボットガイは、商業ドローンを「新たなビジネスを生み出す技術」と捉え、合理化や自動化に関心を示します。

　第4章で紹介したドローン配送は、ロボットガイの観点から新しいビジネス・モデルを分析しました。もし、第4章が面白いと思われたら、あなたはロボットガイかもしれません。一方、第5章のコスト分析が面白いと感じられたら、あなたはエアーガイではないでしょうか。

　ちなみに、筆者も過去30年ほど通信業界にいた関係でロボットガイです。商業ドローンに関心をもったきっかけは通信網をドローンが使うからでした。ですから、ドローン航空管制システム分野からドローン・コンサルティングのビジネスを広げてきました。

5-02 サンディエゴ・ガス・アンド・エレクトリック(SDGE)

　サンディエゴ・ガス・アンド・エレクトリック（San Diego Gas & Electric：以下 SDGE）社は、カリフォルニア州サンディエゴ市などに電気やガスを供給している中堅のエネルギー事業者です。ロサンゼルスから南に1時間ほど下ったサンディエゴ市は、暖かな港町として有名なだけでなく、米国海軍の主要拠点で、携帯チップ大手クアルコム（Qualcomm）社などのハイテク企業が集積する地域としても知られています。

　SDGE 社の営業面積は、4,100 スクエアーマイル（約 10,619 平方キロメートル）。だいたい岐阜県と同じ広さで、サンディエゴ市など 25 のコミュニティーと内陸部に広がる 2 つのカウンティーから構成されています。

　主力事業は電力とガスの配給で、電力配線網は総距離 2 万 2,360 マイル（約 3 万 6,000 キロメートル）です。変電設備が大小約 1 万 7,000 カ所、配電用電柱約 22 万本、電力の契約者は約 340 万世帯に達します。

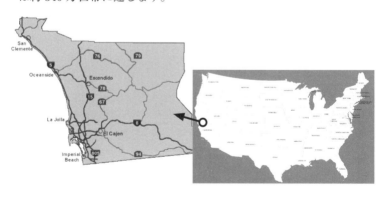

SDGE社の営業地域　（出典：同社ホームページほか）

第5章　ドローン・インスペクションのビジネス・モデル

　ガスの配給網は、幹線パイプラインが170マイル（約270キロメートル）で、末端の配給ネットワークは8,460マイル（約1万3600キロメートル）に達し、ガス契約者は310万世帯です。もちろん、カリフォルニア州南部における最大のユーティリティー企業です。

　同社は、2014年から社内プロジェクトを立ち上げて商業ドローンに取り組んできました。目的はふたつ。ひとつは、ドローンという新しい技術を熟知すること。ふたつ目は業務に利用するメリットがあるかを確かめ、運用方法を確立することです。

　当初は一般企業と同じように、ディージェイアイ社のファントムやインスパイアなど、市販のドローンを購入して予備実験を重ねました。飛行試験を繰り返しながら、同社はドローン点検の利用範囲として、以下の業務を想定したのです。

1. 停電の原因箇所の特定
2. ガスや電力配給網の定期点検
3. ヘリコプターや地上要員がアクセスしにくい遠隔地・難所にある設備点検
4. 山火事の状況を的確に把握する情報収集
5. 大型重機やヘリコプターの使用を減らし、環境保全と騒音の軽減、コストカット

　4番目の山火事は、SDGE社らしい利用方法といえます。カリフォルニア州南部は、夏から秋にかけた乾季に、毎年大規模な山火事に見舞われます。1週間以上続くこともあり、電力やガス配給網も大きな被害に遭います。

U.S. DRONE BUSINESS REPORT　135

5-03 電力網点検のパイロット・プログラム

SDGE社は、FAA（連邦航空局）から2014年にSection 333飛行免許を取得（現在はPart 107免許）し、最近は電力配電網の点検業務に焦点を絞って、ドローンの導入効果を詳しく調べるパイロット・プログラムを実施しています。これから紹介するデータは、2017年秋にシリコンバレーで開催されたドローンワールドエキスポで、SDGE社が発表した資料とインタビューに基づいています。

このパイロット・プログラムは、ドローンの用途を絞り込むことで具体的な効果測定を狙っています。また実際の業務に影響が出ないよう、点検サンプルのサイズは小規模に抑えました。

効果測定の対象を配電網点検に絞り、従来の検査法とコストや作業時間を比較しています。チームは、パイロット免許を持つ外部の専門チームを雇う一方、社内からはヘリコプター（3機）と車両巡回（4台）担当者が参加しました。点検サンプルは山岳地から一般住宅地まで、7種類のケースを設定しています。その結果は以下の通りです。

SDGE社給電線のドローン点検パイロット・プログラム

ドローン点検のコスト		既存点検法によるコスト		
点検飛行	作業費用	点検作業方法	従来法コスト	差　額
ケース(A)	$345.00	ヘリコプター	$1,652.00	$1,307.00
ケース(B)	$485.00	ヘリコプター	$3,098.00	$2,613.00
ケース(C)	$275.00	ヘリコプター	$2,065.00	$1,790.00
ケース(D)	$415.00	車両巡回-目視点検	$2,600.00	$2,185.00
ケース(E)	$310.00	車両巡回-目視点検	$45.50	-$264.50
ケース(F)	$205.00	車両巡回-目視点検	$32.50	-$172.50
ケース(G)	$275.00	車両巡回-目視点検	$45.50	-$229.50

（単位：米ドル、出典：SDGE）

第 5 章　ドローン・インスペクションのビジネス・モデル

　（A）〜（D）までの 4 ケースでは、ドローン点検 1 回で 1,300 ドル（約 15 万円）以上のコスト削減が実証されました。しかし、（E）〜（G）の 3 ケースでは逆に 1 回 175 ドル（約 2 万円）以上割高になることも分かりました。ちなみに、日本円表記は 1 ドル 109 円で換算しています。（以下同じ）

　同パイロット・プログラムにおけるドローン業務の算出基準は、次の通りです。

　まず、ドローン運用チームですが、米国では操縦担当のオペレーターとカメラを操作するカメラマン、補助要員が必要です。

　ドローン・オペレーターとカメラマンの費用は、1 時間あたり 70 ドル（約 7,500 円）で積算しています。ドローン業務が分かるエンジニア・レベルのスタッフ（QEW：Qualified Engineering Worker）は、1 時間あたり 65 ドル（約 7,100 円）と計算しています。また、同スタッフによる飛行前と飛行後の準備・機体チェックは、約 1 時間と積算しています。

　なお、FAA（連邦航空局）が 2016 年 8 月に施行したドローン規制（14 CFR Part 107）では、監視者の義務付けが外されました。そのため、最低 2 名でドローン運用ができるようになりました。監視者とは、飛行機やヘリコプターがドローンの空域に入ってこないか監視する担当者です。

　米国では農薬散布などの民間飛行機や、取材に飛び回るヘリコプターなどが多いため、ドローンの空域に入ってきた場合は、ドローンを着陸させたり、十分な間隔（セパレーション）を取る必要があります。安全面を考えるとオペレーター、カメラマン、監視者の 3 名体制で運用することが推奨されています。ですが、一般的には 2 名体制での運用が広がっています。

　一方、SDGE 社の車両巡回 - 目視点検のコストは、次のように計算されています。

　まず、点検技能エンジニア（QEW）は、1 時間あたり 65 ドルで、現地までの移動費用は加算されません。点検すべき場所

まで車で行き、ポールに登ったり、クレーン車で上がって点検する作業です。

　山岳地帯など、車や人がアクセスしにくい場所では、ヘリコプターによる巡回点検が実施されます。この場合、飛行1時間当たり最低2,000ドル（約22万円）がかかります。また、点検技能エンジニア（QEW）は、1時間あたり65ドルで計算されています。

　目視点検では、作業員が1カ所ごとに巡回して点検するため、単位時間あたりの点検数が少なくなります。一方、ヘリコプターは短時間に多くの点検場所を巡回できるので、単位時間あたりの点検数は多くなります。

第5章　ドローン・インスペクションのビジネス・モデル

5-04 給電線ドローン点検のコスト優位

次に、大きなコストダウンとなったケース（A）〜（C）を
もう少し分析してみましょう。これらはヘリコプター点検とド
ローン点検の違いを如実に示しています。

SDGE社給電線のドローン点検パイロット・プログラム（対ヘリコプター比較）

点検ケース	作業方法	作業内容	総作業時間	作業コスト	コスト内訳
ケース（A）	ドローン 一般点検	過疎地 ポール6本	5時間	$345.00	UAS担当$280.00 スタッフ$65.00
	ヘリコプター 一般点検		48分	$1,652.00	ヘリ運用費$1600.00 スタッフ$52.00
ケース（B）	ドローン 一般点検	過疎地 ポール20本	7時間	$485.00	UAS担当$420.00 スタッフ$65.00
	ヘリコプター 一般点検		1.5時間	$3,098.00	ヘリ運用費$3000.00 スタッフ$98.00
ケース（C）	ドローン 一般点検	山岳地の山腹 ポール2本	4時間	$275.00	UAS担当$210.00 スタッフ$65.00
	ヘリコプター 一般点検		1時間	$2,065.00	ヘリ運用費$2000.00 スタッフ$65.00

作業時間は各業務担当者の使った時間の合計。
（単位：米ドル、出典：SDGE社のデータをもとにアエリアル・イノベーションが積算）

ケース（A）は、過疎地にある6本のポールを点検した場合
です。ヘリコプターでは1時間足らずで終わる点検ですが、ド
ローンでは約5倍の時間がかかっています。ちなみに、作業時
間は、各業務担当者（オペレーター、カメラマン、サポートス
タッフ）が使った時間の合計なので、実際の作業時間は約半分
と見てよいでしょう。

コスト削減効果は大きく、ヘリコプターに比べドローンが約
5分の1で済んでいます。

ケース（B）は、過疎地にある20本のポールを点検した場
合です。ヘリコプターでは90分足らずで終わっていますが、
ドローン点検では約5倍の7時間です。コストを比較するとヘ
リコプターに比べ、ドローンは6分の1で済んでいます。

注目したいのは、ドローン点検におけるポール1本あたりの点検費用です。ケース(A)では1本約57.5ドル、ケース(B)では24.25ド

(出典：SDGE)

ルとポールの数が増えるに従って、急速にドローン点検のコスト優位性は上っています。

ケース(C)は、人がなかなか近づけない山岳地の山腹にあるポールの点検です。ヘリコプターでは1時間で終わっていますが、ドローンでは4時間かかっています。

この場合、時間の多くはポールに近づくために使われています。費用的には、ドローンが約7分の1と安く済んでいますが、山中に分け入る作業員の安全性を考えると、「安

(出典：SDGE)

い」とはいえ一概にドローン点検を優先するわけにもいかないでしょう。

ただ規制が緩和され、視野外飛行が可能になれば、状況は変わります。自動飛行が可能になれば、ドローンの飛行距離と飛行時間がのび、こうした山腹での危険な点検作業は、コスト面でも、安全面でもドローンが優位になるでしょう。

第 5 章　ドローン・インスペクションのビジネス・モデル

　次に、ドローン点検が割高になるケースも出た「車両巡回による目視点検」です。

　ドローン点検も目視点検も現地に移動して作業をおこなう点では変わらず、作業時間もあまり変わりません。そこでポールあたりのコスト比較が重要になります。

SDGE社給電線のドローン点検パイロット・プログラム（目視点検との比較）

点検ケース	作業方法	ドローン点検（ポールあたり）		目視点検（ポールあたり）	
		コスト	作業時間	コスト	作業時間
ケース（D）	渓谷の住宅地 ポール25本	$16.60	14分	$104.00	96分
ケース（E）	路地裏 ポール15本	$20.67	18分	$3.03	3分
ケース（F）	一般住宅地 ポール11本	$18.64	16分	$2.95	3分
ケース（G）	郊外住宅地 ポール16本	$17.19	15分	$2.84	3分

（単位：米ドル、出典：SDGE社のデータをもとにアエリアル・イノベーションが積算）

　ドローン点検が優位にあるのは、ケース（D）です。これは渓谷の住宅地にあるポールの検査で、目視点検では人が斜面を登るため危険ですし、時間もかかります。一方、ドローン点検であれば、斜面に関係なくポールまで飛んで行って検査できます。そのため、ドローン点検が、目視点検コストの約6分の1になっています。

　逆に、ポールの下まで車で移動できる、ケース（E）〜（G）は目視点検がポールあたり3ドルを下回り、圧倒的に安上がりになります。簡単にまとめると、以下のようになります。

● 過疎地や山岳地帯など、ヘリコプターを利用している地域、あるいは渓谷などの人が近づきにくい場所では、ドローン点検コストは既存手法より5分の1で済む。
● 一方、車でアクセスできる住宅地などでは、ドローン点検のコスト優位はない。

U.S. DRONE BUSINESS REPORT　141

5-05 社内運用とアウトソース

　SDGE 社の事例を見ると明らかなように、ドローン点検はオールマイティーではありません。適切な用途に使ってこそ、大きな効果が得られます。コスト削減や安全性の向上が確認されると、次は導入プランを検討することになります。

　ここで注意したいのは、商業ドローンは技術革新が激しいということです。現状の技術や検査方法、使用する機体やシステムはすぐに陳腐化することになります。そうした業界の現状を考えると、導入計画は将来の変更に耐えられる柔軟性が必要です。

　一般的な話として、パイロット・プログラムから社内導入へと進む場合、次のような項目を検討することになるでしょう。

● 既存のアセット・マネージメント・システム（設備管理システム）を利用して、ドローン点検に適する地域、作業項目の洗い出し
● 社内でのドローン運用スタッフの教育・育成（社内資格制度）
● 社内ドローン運用マニュアルの作成
● ドローン点検用システム環境の整備
● 全社レベルでの導入スケジュールと予算確保

　たとえば、送電線点検であれば、アセット・マネージメント・システムを使って、へき地や渓谷、山岳地帯など、「ドローン点検」が強みを発揮するエリアを洗い出します。SDGE 社規模の企業であれば、社内 IT 部門で洗い出しをおこなうソフトウェア開発も検討したいところです。そうすれば、将来の設備変更に柔軟に対応できます。

　次に、ドローン点検エリアと既存点検スタッフ体制を比較し、ドローンの作業パターンの類型化、必要なドローン機材の割り

第 5 章　ドローン・インスペクションのビジネス・モデル

出し、それに必要な運用スタッフの技能内容などを決めます。

また、作業パターンに応じて社内運用マニュアルを作成し、安全確保と効率化、ガバナンス遵守などを浸透させる必要もあります。使用する機材や取得したデータを分析するためのハードウェア／ソフトウェアなど、システム環境の整備も必要です。

そうしたさまざまな要因を分析することで、最終的に導入スケジュールと予算の割り出しに至ります。

ここで課題となるのが「どこまで社内スタッフで運用し、どこまでを外部に委託するか」という切り分け問題です。定期点検などの単純な作業であれば、外部の運用チームを雇うより、適切な機材を購入して社内スタッフでドローン点検を実施したほうが安く上がりそうです。

しかし、商業ドローンは技術革新が急速に展開しており、機体性能や支援設備、センサーや分析手法などが急速に進歩しています。そのため米国では、機体の購入や社内スタッフの育成に躊躇する企業ユーザーが増えています。

実際、機体は「1、2年すると時代遅れ」が現状です。また、マルチ・スペクトラム・カメラや個体レーザー・レーダーなどのセンサー類も、安く高性能なものが続々と登場しています。

樹木の枝葉を透かして地表の状況を把握できるレーザー・レーダーや、カメラに見えないコロナ検出センサーなどは、現時点では性能的にも価格的にも導入ができなくても、1年か1年半待てば、十分に採用できる可能性があります。

たとえば SDGE 社では、さまざまな商業ドローンを購入してチェックした結果、パイロット・プログラムではピー・エス・アイ（PSI）社の小型高性能ドローン「インスタント・アイ」を採用しました。この機体は、ミリタリー使用を想定したもので、手のひらサイズにもかかわらず「ホバリングして30秒ほどで周囲の状況把握をおこない、実際の飛行に入る」といった高度な自律機能を持っています。

U.S. DRONE BUSINESS REPORT　143

飛行時間は 30 分で、最高速度は 55 マイル（時速約 90 キロメートル）、上昇加速は毎分 2,000 フィート（610 メートル）、遠隔操作距離は約 1 キロメートルです。もちろん、ピー・エス・アイ社のソフトウェアを使って自動飛行ができます。

　このような高性能機体が次々と開発されている現在、ユーザー企業としては特定の機種やメーカーに固定することは、避けたいものです。「その時点で最適な機種を選ぶ」ことに越したことはありません。

　最新技術と運用手法を常にフォローしているドローン・インテグレーターや、大手の運行代行事業者にアウトソーシングすることも「ひとつの選択肢」といえます。

　しかし、どこまで社内スタッフで運用し、どこまでアウトソースするかは、各企業の企業体力や技術力、財務体質、業務内容によって千差万別です。

　日本でもすでに、本格的なアウトソースに対応できるドローン・インテグレーターが現れています。もし、商業ドローンに詳しくなく、これから検討するのであれば、パイロット・プログラムの段階からドローン・インテグレーターや運行代行事業者にコンタクトをとり、彼らの実力とコスト削減効果を確認することが必要です。

　その場合、重要なのはドローン関係のソフトウェア・エンジニア力があるところを選ぶことです。単純にドローンの飛行操作に習熟している運行代行者では不十分です。将来広がるドローン検査の自動化システムができるところが望ましいといえます。

第5章　ドローン・インスペクションのビジネス・モデル

ドローン・インテグレーターに求められる要件（概要）

要求項目	必 要 要 件	重要度
ソフトウェア開発力	フライトプランナーのカスタマイズ、あるいは独自システム開発ができること。可能であれば運行管理システムに精通していること	高
セキュリティー	機体、ネットワーク、データセンターの各セキュリティー技術に精通し、構築だけでなく緊急対応能力なども備えていること	高
業務管理能力	広域運用をするとき、操縦オペレーターやアシスタントなどの作業標準、レポート能力に長けていること	高
ガバナンス	コーポレート・ガバナンスに従って合法的で安全なドローン運用をおこなえること（安全運用マニュアルを含む）	高
機体活用力	用途に応じて固定翼からマルチローターまで、さまざまな機体を活用できること	中
通信システム開発力	特にモバイルネットワークに精通していること。また、遠隔地における衛星通信の構築力があれば望ましい	中
バックエンド能力	データ分析ソフトや機器に精通していること。既存の企業内システムとの統合能力をもっていること	中
調査推奨能力	新技術や新手法などの最新情報をキャッチアップし、クライアントの必要に応じて提案できること	低

（出典：アエリアル・イノベーション）

コラム4

二極化する商業ドローン

　現在、商業ドローンは、「二極化傾向にある」と筆者は分析しています。

　商業ドローンの用途は「計測器を乗せて情報を集める仕事（計測系）」と「ものを乗せて運ぶ仕事（搬送系）」のふたつです。将来は、ロボット・アームなどをつけて「空で作業をする仕事」や「人を乗せて旅する仕事」も出てくるでしょうが、かなり先の話ですから無視しましょう。

　カメラやレーダー・センサーを搭載する計測系ドローンは、小型・軽量・高性能化に向かわざるを得ません。その理由は、墜落の可能性をゼロにはできないからです。

　万が一ドローンが落ちた場合、10キログラムの機体と250グラムの機体では、地上での被害は決定的に違います。将来、都市部でも運用することを考えると、限りなく小型軽量化して「被害を最小化させる」ことは避けられない方向です。しかも、機体が軽ければモーターやブレードから発生する騒音も小さくなります。

　現在、業務用ドローンは計測系でも数キロから10キログラムを超えるような大型のものが目立ちます。これは搭載するカメラなどの機材が重いため、大きな浮力を得る必要があるからです。大型機は耐風性が高いといったメリットがあるものの、墜落時の被害や騒音を考えれば、デメリットの方が大きいでしょう。実際、中国メーカーが最近出している小型ドローンは目を見張るほど高度な性能を持っています。

　一方、搬送系ドローンは、一度に多くの荷物を運べることが大きなメリットになります。たとえば、アマゾン社のドローン配送では、現状で「1機で1回1個」の配送となっていますが、コスト・メリットを考えれば、1回の飛行で複数のユーザーに荷物を運ぶ方が有利です。

　搬送系ドローンは、高性能化による落ちにくい機体開発とともに、大型化を追求するでしょう。墜落対策としてパラシュートやエアバッグ、被害の少ない場所を探す高度な落下制御技術などが重要になります。

第5章　ドローン・インスペクションのビジネス・モデル

5-06 BNSF 社の大規模自動ドローン検査

　SDGE 社のようにヘリコプターや特殊クレーン車などを使う検査作業の場合、マニュアル操縦によるドローン点検でも大きなコスト削減効果があります。

　しかし、より大きな効果が期待できるのは「検査作業の自動化」です。自動化は、コスト削減効果を高めるだけではありません。ドローンで撮影した画像データは情報価値として高く、将来さまざまな付加価値を生みます。たとえば自動化すれば、常に同じポイント、同じ角度から写真を撮りますから、亀裂などの進行状況を人工知能を使った画像処理により分析し、最適なメンテナンス時期や対処法を割り出すことができます。

　すでに述べたように、視野外飛行の禁止規定によって、現在の米国や日本では「自動化したくても免許手続きが難しい」状況にあります。

　とはいえ、自動化の取り組みは

（出典：BNSF Railway）
※巻末－拡大資料（13）参照

進んでいます。その事例として、FAA（連邦航空局）と視野外飛行の実験をおこなっているビーエヌエスエフ鉄道（BNSF Railway）社のパイロット・プログラムをご紹介しましょう。同社ほど本格的にドローン検査の自動化、大規模運用に取り組んでいる企業は、米国でも他にありません。

　BNSF 社は、全米 28 州およびカナダに広がる 3 万 2,500 マイル（約 5 万 2,300 キロメートル）の鉄道路線を持つ貨物輸送会社です。従業員は約 4 万 2,000 名（17 年末現在）で、所有す

U.S. DRONE BUSINESS REPORT　147

る機関車は約8,000両、運行回数は1日約1,600回に達します。取り扱い貨物量は、全米鉄道貨物の約4分の1を占めています。

同社のドローン利用分野は大きく、橋梁などの設備点検とレールそのものの点検に分かれます。現時点では、ドローンによる車両点検は検討していません。同社は1万3,000カ所の橋梁と約90カ所のトンネルを持っており、マルチローターによる橋梁点検をおこなっています。これは電力会社SDGE社と同じ、オペレーターによる目視操縦です。

一方、レールの検査は固定翼ドローンによる視野外飛行をおこなっており、非常に大規模です。鉄道業界では、軌道トラックや検査列車に搭載した超音波診断機、無線レーダーなどを使って、多様なレール検査を実施しています。BNSF社も作業員の目視検査や車両トラック診断など、年間1,000万マイル（約1,610万キロメートル）のレール検査を実施しています。

それにもかかわらず、なぜ商業ドローンによるレール検査に取り組むのでしょうか。

その理由は検査頻度を高めることで、早期予防ができるから

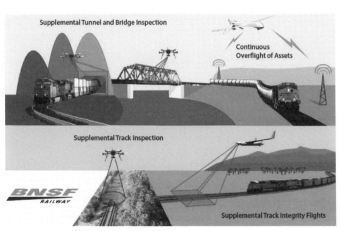

（出典：BNSF Railway Safety Report）
※巻末－拡大資料（14）参照

第5章　ドローン・インスペクションのビジネス・モデル

です。レール上の髪の毛のようなヒビ割れは、軌道トラックによる検査が適しています。ですが、軌道トラックが1日に走れる距離は限られます。BNSF社は利用頻度が高い幹線は毎日のように検査しますが、地方の支線はそういうわけにはいきません。そこで固定翼ドローンによる広域検査が重要になります。

同社は2013年11月にドローン・パイロット・プログラムを開始。15年までの約1年半の間に①ドローン検査に必要な分析要件、②ドローン運用に関する規制環境、③機体および測定機材の調査、④FAA（連邦航空局）へ免許申請などをおこない、15年5月にFAA（連邦航空局）と視野外飛行に関する共同研究プログラム契約を結んでいます。

同年に始めた最初のパイロット・プログラムでは、インシツ（Insitu：ボーイング子会社）社の高性能固定翼ドローン「スキャンイーグル」を採用しました。同機体は高性能のカメラを搭載し、湾岸警備や国境警備などに利用されています。

機体重量は商業ドローンの限界にあたる55パウンド（25キログラム）で、最高時速は約150キロメー

（スキャンイーグル　出典：Insitu）

トルです。しかも、24時間連続自律飛行ができます。特別のランチャーを使って離陸させ、着陸は専用クレーンに張ったワイヤーを翼端の鍵に引っ掛けてキャッチします。これによって海上の船舶からでも、スキャンイーグルは離発着できます。

米国商業ドローンの高度制限は、400フィート（121メートル）です。しかし、FAA（連邦航空局）はBNSF社の視野外飛行実験で、2倍以上の1,000フィート（約300メートル）まで許可しました。高度が高いほど、1回の飛行で撮影できる範囲は広がり、多くの情報を短時間に集めることができます。

パイロット・プログラムでは、1回の飛行で64マイル（約100キロメートル）以上を自動操縦で飛行し、検査しています。さまざまな高さで自律飛行が繰り返されましたが、その映像解析では、枕木のゆがみやレールを止める楔の欠落、温度変化によるレールのたわみなどが確認できました。

なお、飛行高度が高くなれば、ヘリコプターやグライダー、自家用機などとの衝突の可能性が高まります。視野内飛行であれば、監視人で対応できます。しかし、スキャンイーグルは一気に100キロメートル以上飛ぶため、目視による監視は不可能です。そこでBNSF社は米グリフォンセンサーズ（GRYPHON SENSORS）社の高性能ドローン用低空レーダーによる長距離監視の実験もおこないました。

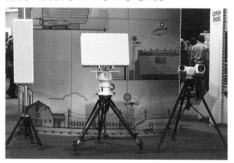

グリフォンセンサー社のドローン用航空レーダー
（撮影：筆者）

商業航空機に使う無線レーダーは大きな物体をキャッチできますが、1メートルにも満たない小型ドローンなどは苦手としています。

ドローン用低高度レーダーは、そうした小型飛行体が低空を飛んでいても、数キロ先から発見できるように工夫されています。

現在、BNSF社のパイロット・プログラムは、本格的な導入プランを練る段階に入っています。機体は基本的に自動操縦で飛びますが、飛行位置の確認や経路変更などの命令を出すために、ドローン管制システムが必要です。

BNSF社は鉄道会社として900メガヘルツの専用周波数免許

第5章　ドローン・インスペクションのビジネス・モデル

を持っているので、それを活用してドローン管制システムの実験を開始しています。2017年5月に発表されたデモンストレーションによれば、実験路線に管制用の通信基地局を整備して200マイル（320キロメートル）の距離を飛行しています。

無線データシステムは、ロックウェル・コリンズ（Rockwell Collins）社製で、ドローンは電波の強さに応じて適切な基地局を見つけて、自動的に切り替えながら飛行します。

ちなみに、ロックウェル社は、無線ネットワークを使った列車の追跡・監視システムを米国で提供しています。その技術を応用して、レール検査専用ドローンの無線ネットワーク・サービスを狙っているようです。

また、BNSF社は最近、離発着が簡単なeVTOL（電動垂直離着陸機）型の機体に切り替えています。このラティチュード機もロックウェル社製で、4つのプロペラで垂直に離発着し、上空では固定翼で巡航するタイプです。

BNSF Railway社がパイロットプロジェクトに利用するeVTOL Latitude（Rockwell Collins）
（撮影：筆者）

BNSF社は、商業ドローンで検査頻度が少なかった支線などの点検を、頻繁に低コストでできると考えています。

こうした大規模な自動化システムこそ、商業ドローンを導入する大きな意味といえるでしょう。労働人口の減少に直面する日本にとって、鉄道や道路などの自動ドローン検査は、将来必ず必要となる技術であり、今から取り組むべき課題といえます。

第6章
さまざまな
ドローン・ビジネス・モデル

本章のポイント

本章では、これから注目を集めると予想される3つのビジネス・モデルを取り上げます。

<ドローン在庫管理>

商業ドローンにとって、大きな潜在市場が「室内飛行」です。本章では、流通大手のウォールマート社が導入している物流倉庫でのドローン在庫管理を取り上げます。また、野外のドローン在庫管理として、ヤード管理についても触れます。

<カウンター・ドローン>

将来、日本でも有望な市場と予想されるカウンター・ドローン・システムについても解説します。同システムは、違法ドローンを探査・識別し、無力化するものです。米国では、毎月100件を超えるニアミスが報告されており、空港関係者は頭を悩ませています。また、ドイツ・テレコム社はドローン産業スパイ向けに同システムの販売をおこなっています。

<スワーム・ドローン>

最後は、商業ドローンの将来技術として、開発が進むスワーム・ドローンを取り上げます。2018年冬季オリンピック開会式で1,280機のドローンがアトラクションを繰り広げ、注目を集めました。スワーム・ドローンは、ひとつの作業を複数のドローンで分担する制御技術です。

第 6 章　さまざまなドローン・ビジネス・モデル

6-01 ウォールマートのドローン在庫管理システム

　ドローンは、室内飛行が苦手です。野外で飛ぶときはGPS（衛星による位置信号）を受けて場所を特定するだけでなく、位置制御もおこなうため安定して飛べます。一方、GPS信号なしでは、目隠しされた状態で、自分がどこに居るか、どっちに向いているかが分かりません。

　もちろん、高級な機種は超音波センサーなどで床からの距離を測るなどの機能がありますが、室内飛行に慣れたオペレーターでない限り、安定して飛ばすことはできません。

　もし、室内の位置を把握して飛行ルートを定められれば、さまざまな用途に商業ドローンを利用できます。

　この室内利用では、世界最大の小売流通チェーン・ウォールマート（Walmart）社が、2016年6月からドローン在庫管理システムを導入しています。これは同社の物流倉庫での在庫管理をドローンで自動化するものです。

　同社のデモンストレーションでは、ドローンが飛び回りながら、物流倉庫の高い棚にある商品のコードを1秒間に30イメージのペースで読み取るところを紹介しています。具体的な活用事例という意味では、注目すべきケースです。

　電子小売のアマゾン（Amazon）社と激しい競争にさらされているウォールマート社は、システムの近代化に「年間約3,000億円以上の予算を使っている」と言われています。その一環として注目されたのが、ドローン在庫管理による物流部門の効率化とコストカットです。

　同社は、2015年からFAA（連邦航空局）のドローン実験免許を取得し、ドローンの運用テストを繰り返しました。

　同社は、室内ドローンの用途として、広い店内における「商品ピックアップ」と物流倉庫の「在庫管理」を検討しました。店内商品ピックアップに関して、ウォールマート社は特許を申

U.S. DRONE BUSINESS REPORT　　153

請しています。

一方、同社はオペレーターがリフトに乗っておこなっている商品タグの読み取り作業で、大幅な時間短縮とオペレーターの負担軽減を実現したいと考えました。ウォールマート

ピンク社がウォールマートに提供している
ドローン・インベリトリー管理システム
（出典：ピンク社 YouTube ビデオ）

向けのドローン在庫管理システムを開発したのは、シリコンバレーにあるピンクソリューションズ（PINC Solutions：以下ピンク）社です。

ドローンの室内飛行は複雑です。GPS信号がないので、ドローンは自分の位置がよくわかりません。解決方法として考えられるのが、GPS信号に代わるビーコン（電波基準局）を室内に設置して、機体を制御する方法です。しかし、物流倉庫は鉄骨製の棚が立ち並んでいますから、電波が乱反射して正確な位置測定がなかなかできません。

しかも、倉庫事業者は「追加の設備投資」を敬遠します。技術が新しくなると既存設備が陳腐化することや、特定のベンダーにロックインされてしまうことを懸念するからです。

ドローン・ロジスティックを導入してもらうには、「既存の倉庫設備に手を加えることなく」作業の自動化とコストカットを実現することがキーポイントです。

そこで光学カメラと各種衝突防止センサーを使った高度な自律制御飛行が、ドローンの室内飛行では注目されています。ピンク社の室内ドローンでも、RTLS（リアルタイム・ロケーション・システム）に先端技術のオプティカル・フロー・センサーを活用しています。

第6章 さまざまなドローン・ビジネス・モデル

オプティカル・フロー・センサーとは、普通のカメラを高精度な位置センサーに変える技術です。

画像解析に使うモーション・キャプチャー・システムはさまざまなタ

オプティカル・フロー・センサーを使った自律飛行
(出典：チューリッヒ大学の YouTube ビデオ)

イプがありますが、高価で不要な機能も多く、ドローン用センサーには適しません。

また、高速で移動するドローンの場合、普通のカメラを使うと「フローズン」と呼ばれるフレームレートの制約で画像がぼやけて精度を確保できない問題や、十分な光量を確保できず画像が甘くなる問題が発生します。

オプティカル・フロー・センサーは、映像の変化部分だけに着目し、高いリフレッシュ・レート（ミリ秒単位）でピクセル・レベルでの変化を記録します。また、ピクセル単位で変化を追うため、光量が少なくても高い感度を維持できます。

大雑把に言えば、変化部分だけを残して映像を間引く技術で、安価なカメラにもかかわらず、ドローンの制御基盤に接続すれば信頼度の高いセンサーとして利用できます。

ドローンの下部にオプティカル・フロー・センサーを付けて床を読み取れば、床のパターンが一種の地図となり、位置を制御することが可能になります。なお、オプティカル・フロー・センサーを使った自律飛行は、ピンク社だけではなく、チューリッヒ大学など、複数の研究機関やメーカーが開発しています。

ピンク社の場合、物流倉庫の各アイル（側廊）ごとにドローンを飛ばして製品コードを撮影します。アイルの端にドロー

を置き、離陸させれば、ドローンは自律的に飛び回り、前面にある高精細カメラを使って棚にある商品を識別し、商品コードを読み取ります。もちろん、読み取り作業中は人が入らないようにアイルの両端を閉鎖して、ドローンとの接触事故を防ぎます。

読み取った画像には、バーコードや商品名、棚の番号などさまざまな情報がありますが、ドローンに搭載したディープ・ラーニング・アプリで画像解析をおこない、同社の在庫管理アプリケーションにデータとして引き渡します。

今後の課題としては、棚の奥にある資材の読み取りや情報収集です。RFID（無線タグ）を使う方法もありますが、いちいちすべての商品に RFID タグを張り付ける作業は、倉庫事業者の作業効率を下げます。ドローンがさまざまな角度から撮影した画像をコンピューターが自動解析して、棚の奥を判断するのがベストでしょう。

室内ドローンのメリットは、日本でも米国でも飛行免許の申請が必要ない点です。つまり、必要に応じて自由に飛ばすことができます。ここに着目し、ピンク社の在庫管理ドローンでは、DaaS（Drone as a Service）モデルを採用しています。

DaaS とは、機体を販売したり、リースするのではなく、ドローン在庫管理をサービスとして販売する方法です。ユーザーがサービス料金を支払うと、ピンク社から専用ドローンを含めたキットが送られてきます。もちろん、ピンク社は操作方法などの指導をおこないますが、基本的に実際の運用はユーザーがおこないます。

ユーザーは指定されたマニュアル通りに運用すれば、在庫管理が可能です。機体が故障した場合は、ピンク社に送り返せば、新しい機体が送られてきます。また、機体の改善やソフトウェアのアップデートもピンク社でおこない、新しい機体をユーザーに送り、古い機体は回収します。ユーザーが商業ドローン

第6章　さまざまなドローン・ビジネス・モデル

に関する専門知識をほとんど持たなくても、メリットだけを享受できます。

　米国では、高度なドローン技能を持つオペレーターが不足しています。そのため、ドローンと高度な自動化システムを一体化させて、DaaS モデルで提供できれば、ビジネス・チャンスにつながります。ユーザーは、ドローン・オペレーターの確保に頭を悩ませたり、研修プログラムに通う負担から解放されることでしょう。

　室内ドローンの用途は在庫管理に限りません。欧米では、室内ボイラー検査や、フライトデッキでの航空機検査などに利用が広がっています。ただ日本では、室内機器検査はなかなか厳しいのが現状です。不動産価格が高い日本では、室内設備を狭いスペースにコンパクトにまとめる傾向があり、ドローンが飛ぶ空間を確保できないケースが多いからです。

　とはいえ、室内を自由に飛ばすことができれば、一般オフィスの夜間警備などにも利用できます。発想を自由にすれば、室内ドローンはさまざまな用途開発が可能でしょう。

U.S. DRONE BUSINESS REPORT　　157

コラム5

室内ドローン飛行の将来

オプティカル・フロー・センサーによる室内飛行は、今後、商業ドローン業界でますます進歩するでしょう。とはいえ、究極の姿は室内と野外を区別なく自由に飛び回る商業ドローンの開発です。

2016年春、DARPA（米国防総省高等計画局）は、高速自律飛行の研究プロジェクト「FLA（Fast Lightweight Autonomy）」の実験風景を公開しました。同プロジェクトは、災害救助や偵察に使う高性能ドローン開発が目的です。具体的には、室内と野外を区別なく飛び回る自動操縦プログラムの開発を狙っています。

災害救助では、窓などから建物の中に飛び込んで、生存者の確認などをする必要があります。マサチューセッツ州ケープコット市にあるオーティス基地でおこなわれた室内実験では、実験機がGPS信号などを使わず、時速45マイル（時速72.5キロメートル）で障害物を避けながら飛行する様子がビデオに収められています。

これはコンピュータ・ビジョン、つまりドローンがカメラの映像を使って、衝突回避をしながら飛行する制御プログラムを使っています。

米国防総省高等計画局FLAプロジェクトのドローン
（出典：DARPAホームページ）

第6章　さまざまなドローン・ビジネス・モデル

DARPA（米国防総省高等計画局）は「小型UAVが開いた窓から飛び込んだり、高速で飛行しながら、階段や廊下などを自由に飛び回る自律飛行に必要な独自のアルゴリズムを開発する」と説明しています。

マサチューセッツ工科大学のナノマップ実験風景
（出典：MIT CSAIL）

最近では、こうしたコンピュータ・ビジョンと人工知能を使った自律飛行研究が、色々な研究機関でおこなわれています。

たとえば、マサチューセッツ工科大学のCSAIL（コンピュータ・サイエンス・アンド・アーティフィシャル・インテリジェンス・ラボ）は2018年2月に「ナノマップ」という自律飛行プログラムのビデオを紹介しています。ナノマップでは、室内だけでなく、森の中や、ビルが立ち並ぶ都市などを高速で飛び回るドローンの様子が収録されています。

コンピュータ・ビジョンと人工知能を組み合わせることで、商業ドローンが室内・野外の区別なく飛び回ることは「そう遠くない」と言えるでしょう。

6-02 ドローンを使ったヤードの在庫管理

　ピンク社の親会社は、ヤード・マネージメント管理システムを得意とするロジスティックス・アプリケーション・ベンダーです。その関係でピンク社は、ヤード向けドローン在庫管理システムも提供しています。

　ヤードと聞くと、バックヤード（裏庭）を思い起こす方も多いと思いますが、ここでは港や物流拠点などにある野外の資材置き場を指します。

　たとえば、港に着いたコンテナは、コンテナ・ヤードで一旦保管し、そのあとトラックなどで配達します。自動車やトラック、材木や鉱物などの原材料もヤードで管理されます。

　ヤードは運送事業者と倉庫事業者の交差点で、日々刻々、出入りするトラックやトレーラー、資材やコンテナを正確に管理しなければなりません。資材はヤード・オペレーターがクレーンやフォークリフトを使って、決められた場所に保管します。しかし、オペレーターは「人」ですから、どうしても間違いを犯します。

ピンク社のヤードマネージメントシステム
（出典：ピンク社ホームページ）

第6章　さまざまなドローン・ビジネス・モデル

　指定された場所とは違うところに資材を置いてしまい、最悪の場合は紛失することもあります。それを避けるため、ヤード内では入退出ゲートでのチェックとともに、オペレーターがヤード内を巡回し、ハンド・リーダーで荷物の識別ステッカー読み取り、所在を確認します。

　このチェック業務は時間がかかるだけでなく、高所作業などの危険もともないます。そこで商業ドローンの登場です。

　商業ドローンを使ってRFIDタグやバーコードを読ませる実験は、さまざまなドローン・メーカーがやっており、それ自体は目新しいものではありません。しかし、ピンク社のように物流管理アプリケーションと一体化し、実用レベルに達しているところは、あまりありません。

　RFIDとは、ICとアンテナが内蔵され、電波を受けるとICに書き込まれた情報を送り返してくれる無線ステッカーです。そのため、複数のショッピング・カートに入った商品を一度に読み取ったり、梱包を解くことなくボックス内の商品をチェックすることができます。とはいえ、RFIDのアンテナに正確に電波を当てないと、上手く読み取れない難しさもあります。

　ちなみに、商業ドローンにとっては、バーコードの読み取りも苦手です。バーコードは印刷されたパターンから情報を光学スキャナーで読み取るため、スキャナーをバーコードに正確に向けないと読み取れません。

　スーパー・マーケットのレジでは、店員がいとも簡単にバーコードを読み取っています。しかし、ドローンに光学スキャナーを搭載した場合、バーコードを正確に読むための位置制御は難しくなります。

　話をヤード管理ドローンに戻しましょう。

　ヤードは野外が基本です。室内ドローンと違って、GPS信号を掴めますから位置や経路制御は比較的簡単です。

　課題は野積みされている商品の位置把握です。バーコード

もそうですが、RFIDタグは自分では位置情報を持っていません。そのためRFIDの「一度に大量のタグを読み取ることができる」特徴が逆にデメリットになります。つまり、周

ピンク社はドローンだけでなく、各種デジタル技術でヤードの近代化を目指している
（出典：ピンク社ホームページ）

りの資材まで同時に読み取ってしまい、位置が正確に分からなくなるからです。

ピンク社のドローンは、ヤードに並ぶ資材に付けられたRFIDタグを素早く読んでいきます。同社は特殊なアンテナを使って、RFIDを読み取りながら、ドローンの位置から商品の位置を正確に把握する特許技術を持っています。

ヤード管理ドローンは、ハンドスキャナーに比べて大きく作業時間を短縮するだけでなく、ヤードオペレーターの安全にも貢献します。ヤード・ドローンはまだ、大規模な野積み施設を自動検査するレベルには至っていませんが、もう少しすれば実現することでしょう。

6-03 潜在市場の大きいカウンター・ドローン

2018年2月、大手ニュース配信のブルームバーグ・テクノロジー社が報じた1本のドローン・ビデオが大きな波紋を広げました。そこには、フロンティア航空の旅客機がドローンの真下を通り過ぎて、ラスベガス空港に着陸しようとする光景が鮮明に映っていたからです。

ホビー・ドローンとのニアミス・ビデオ
（出典：ブルームバーグ・テクノロジーウェブ）

ドローンまでの距離は100メートル前後でしょうか。もし、ジェットエンジンにドローンが吸い込まれれば、墜落の危険もある「背筋が冷たくなる」光景です。撮影者は分かりませんが、見つかれば刑事訴訟に直面するでしょう。

この事件では、商業航空機パイロット協会や全米管制官協会などが連名で、FAA（連邦航空局）に「ホビー・ドローンに対する空港警備の強化」を要請しました。米国では、こうした航空機とホビー・ドローンのニアミスが急増し、パイロットや警官、一般市民からの違法飛行ドローンの報告は、月間100件を超える状況に達しています。（出典：連邦航空局）

2017年3月には、イギリスのヒースロー空港でも、商業ドローンが航空機に20メートルまで接近する事件があり大騒ぎとなりました。ニアミスでも、もっとも危険度の高い「カテゴリーA」で、空港は1時間ほど混乱状態に陥りました。同空港では16年秋にも同様の事件が発生し、混乱しています。

こうしたニアミス事件から必要性を求められているのが、カ

ウンター・ドローン・システムです。日本ではほとんど注目を浴びていませんが、欧米では空港や政府の重要設備を事故やテロ攻撃から守るため、同システムの開発が活発化しています。日本でも将来、カウンター・ドローンは、大きなビジネスになるでしょう。

カウンター・ドローンは正式には「ドローン探査防御システム」と言います。もっとも市場性の高いものは、民間空港や原子力発電所などの重要施設警備です。日本では首相官邸に、米国ではホワイト・ハウスにホビー・ドローンが飛び込んだことは、ニュースでよく知られています。欧米では改造ドローンによるテロ事件がいつ起こってもおかしくないと言われています。また、刑務所の囚人にドローンを使って違法な差し入れをおこなったり、国境を超えて麻薬などの密輸を試みる例は、実際に発生しています。

一方、今後ドローンが小型高性能化すれば、産業スパイ・ドローン向けの需要も増えると言われています。たとえば自動車会社は、テストコースなどをドローンで上空から撮影され、情報が盗まれることを懸念して、カウンター・ドローンの導入を検討することになるでしょう。

スパイ映画ではないですが、これから有名人のアパートや住宅を盗撮する悪質な事件も起こるでしょう。2016年当時、大統領選挙を戦っていたドナルド・トランプ氏の自宅をドローンが盗撮していたため、警備員が撃ち落とした事件は有名です。

こうした潜在需要に着目し、欧州の大手通信事業者ドイツ・テレコム（Deutsche Telekom）社は、一般企業向けにカウンター・ドローン・システムの販売やコンサルティング、設置工事代行、マネージメントなどのソリューション・サービスを提供しています。

これは、自社施設を保護するため、カウンター・ドローン製品の導入をおこなった実績を元にしています。

第6章　さまざまなドローン・ビジネス・モデル

ディドローン社のセンサー群　　（出典：ディドローン社ホームページ）

　ドイツ・テレコム社が売っているのは、低価格の簡易カウンター・ドローン・システムとして知られているディドローン（Dedrone）社の製品です。同社のシステムは、高性能のカメラとマイク、無線レーダー、電波アンテナを使って、接近するドローンを探知するシステムです。

　同社は、レーダーの探知距離を750メートル程度にするなど、比較的近距離の探査を得意としています。これは、データセンターやオフィスの近辺を飛んで盗撮をしたり、Wi-Fi電波や携帯ブロードバンド・データを収集する「産業スパイ」行為や、妨害電波でネットワークに障害を与える「企業テロ」を防止する目的で設計しているためです。高価な機能を外すことで、エントリー・レベルの非常に安いシステムにまとめ上げています。

6-04 高性能カウンター・ドローン・システム

　空港や原子力発電所など、本格的なドローン防御が問われる
場所では、プロフェッショナル・レベルでのカウンター・ドロー
ン・システムが必要になります。

　このレベルは、10キロメートル程度までのドローンを発見
できる能力が一般的です。このくらいの距離で発見できれば、
高速で近づく違法ドローンに対処する時間が2〜3分程度は確
保できるからです。

　もちろん、1メートルにも満たない小さなドローンが低空で
侵入してくるため、「確実に発見すること」は容易ではありま
せん。米国政府は2016年頃からさまざまな形で、導入可能な
システムを探しています。

　たとえば、FAA（連邦航空局）は、官民共同プロジェクト「パ
スファインダ・プログラム」の一部として、空港および重要施
設におけるUAS警戒検知システム実験を続けています。同プ
ロジェクトは、1年半で6回実施され、ドローン検知システム
の技術標準を定めるためのデータ収集を進めています。

　2016年11月には、DHS（連邦政府国土安全保障省）と一緒
に、デンバー空港を使ったカウンター・ドローン・システムの
実験を実施しました。同実験では、民間3社のシステムを使っ
たデータ収集がおこなわれました。将来、FAA（連邦航空局）
はドローン検知システムを全米の空港に導入しなければならな
いと考えています。

　また、16年には、賞金6万ドルのカウンター・ドローン・チャ
レンジも開催されています。これは、連邦政府の調達プロジェ
クトを得意とするMITRE社が主催したもので、42社が応募し、
米国、ドイツ、デンマーク、イギリス、フランスの8チーム（企
業）が決勝戦を繰り広げました。

第6章　さまざまなドローン・ビジネス・モデル

　こうしたプロフェッショナル・カウンター・ドローンの基本機能は、3種類に分かれます。最初が、遠くにいるドローンを「発見する機能」。もちろん、発見した後は見失わないように追跡する必要があります。ふたつ目が、発見したドローンがトラブルを起こすものか、そうでないかを「識別する機能」です。そして、もし脅威があると判断した場合は、ドローンを「無力化させる機能」が必要になります。

ドローン防御システムの概要

機　能	内　容	要素技術
発見・追跡	遠距離からドローンを発見するDetect（探査）には、光学式から電波レーダーまでさまざまなタイプがある。	無線レーダ、光学（含む赤外線）カメラ、音響センサー、その他
脅威の識別	発見したドローンが脅威（危険性）を持っていないかを認識する。今後整備されるリモートIDやUTMなどと連動することで、精度が上がると期待されている。	飛行パターンなどの電子的な識別システム、人による認識／確認
排除・無力化	危険なドローンを取り除く手法は、ジャミング（電波妨害）からネットによる捕獲までさまざまな方法が提案されているが、有効性が高い方法は確立されていない。	ジャミング、ネット捕獲、物理的撃墜（各種手法）、その他

（出典：アエリアル・イノベーション）

　プロフェッショナル製品は、欧米の航空機器メーカーや防衛機器メーカーが、さまざまなタイプのシステムを発売しています。探査距離や無力化能力、固定型／仮設型など、使用する状況によって色々なメーカーのシステムを検討する必要があります。

　また最近の傾向としては、「移動型」のプロフェッショナル・カウンター・ドローンも登場しています。たとえば、低

U.S. DRONE BUSINESS REPORT　　167

空ドローン・レーダーのグリフォンセンサーズ（GRYPHON SENSORS）社は、2017年5月に移動式のモバイル・スカイライトを発表しています。

同社の親会社エス・アール・シー（SRC）社は、米国防総省向けにドローン・システムを提供してきた会社です。スカイライトは、UTM（ドローン管制システム）も統合した業界初のシステムで、空港や大使館などの重要施設、国境の監視、要人護衛といった用途向けです。

UTM機能を使えば、災害現場に駆けつけ、商業ドローンによる人命救助活動の支援もできます。デュアルバンドのメッシュ・ネットワークを装備したワゴン車タイプで、マルチスペクトラムのレーダーで10キロメートル圏内の小型ドローンと、27キロメートル圏内の有人飛行機を3次元的に検知します。もちろん、複数の機体を同時にトラッキングすることも可能です。

NASA（連邦航空宇宙局）の支援を得て開発されたスカイライトは、ニューヨーク州ローム市のグリフィス国際空港（FAA公認ドローン・テストサイト）にも導入されています。外国要人を招いたサミットや災害時ドローン活用を考えると、日本でもモバイル型のドローン管制／カウンター・ドローン・システムの需要はありそうです。

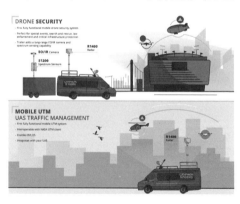

グリフォンセンサーズ社が2017年5月発表した移動式のカウンター・ドローンのモバイル・スカイライト
（出典：グリフォンセンサーズ）
※巻末－拡大資料（15）参照

第6章 さまざまなドローン・ビジネス・モデル

カウンター・ドローンの課題は、ドローンの無力化です。もっともポピュラーな方法は、強力な電波でGPS信号を妨害するジャミングです。欧州では、数年前からG7サミットなどの要人会議でカウンター・ドローン・システムが導入されており、GPSジャミングも配備されています。

こうした会場は周辺が閉鎖されているため、GPSジャミングが利用できますが、一般住宅地などではカーナビや携帯電話マップなどに影響を与えるので使用は許されません。また、GPSジャミングを受けた違法ドローンはまるで目を塞がれた状況になり、どこに落ちるか分からないため、市民や家屋に被害を与える可能性があります。

原始的ですが、ネットを使って捕獲する方法も実用化されています。商業ドローンにネットを付けて、違法ドローンを空中で捕獲する方法と、地上からネットを撃って捕獲する方法の2種類です。前者はネットを持って飛ぶため、捕獲側のドローンに高い性能が要求されます。それでも、違法ドローンが逃げ回った場合、確実に捕獲できるとは言い切れません。

一方、地上から発射するネット・ガンと呼ばれるタイプは最近、自動照準器などの高度なシステムを搭載するようになっています。また、ネットで捕獲したあとはパラシュートでゆっくりと落とすようになっています。ただ、ネット・ガンの実質射程距離は数十メートルですから、高性能な爆弾を搭載している場合、被害が出る可能性があります。

このようにカウンター・ドローンにおいて、無力化は現実的にもっとも難しい課題です。実際、空港などにカウンター・ドローンを導入し、探査・追跡はできても、「無力化までおこなうかどうか」は議論が分かれます。現時点では「遠距離で探査・発見し、離発着を一時的に保留することが現実的な対処法」ではないかと議論されています。

U.S. DRONE BUSINESS REPORT　　169

コラム6

改造武装ドローンとレーザー砲防御

ドローンによるスパイ活動やテロ攻撃は、欧米諸国にとって頭の痛い問題です。ISIS（イスラム国）は、改造ドローンを使って攻撃する場面をビデオに収録し、テロを喚起するためインターネットで流しています。

攻撃に使われたドローンと爆弾
（出典：RadioFreeEurope RadioLiberty）

また、各種報道によると、2018年1月8日、ロシア国防省は「ロシア軍が駐留するシリア西部のフメイミム空軍基地とタルトゥース海軍施設に対し、13機の武装ドローン攻撃があった」と発表しています。

同攻撃は、1月5日から6日の夜間、10機のドローンが空軍基地を、3機が海軍施設を襲いました。

ロシア側はカウンター・ドローン・システム（電波ジャミングとハッキング）で対抗し、いくつかの乗っ取りに成功したようです。また、残りの武装ドローンをスカッド・ミサイルで撃墜したそうです。

イギリスを拠点とする民間監視団体・シリア人権監視団は、この攻撃について、フメイミム空軍基地があるラタキア州で活動する「イスラム主義反政府勢力によっておこなわれた」と分析しています。

第6章　さまざまなドローン・ビジネス・モデル

　一方、米海軍は2014年からドローン撃退用レーザー砲（LaWS）の配備を始めています。写真はペルシャ湾に展開中の米海軍艦ポンスに配備されたもので、オペレーターは3名、電力供給には小型ジェネレーターを利用し、操作はレーザー・ポインターと同じで、光を発する特別なチャンバーが内蔵されています。

　レーザービームは静かで不可視、しかも光速ですから、レーダーと併用すれば武装ドローンが近づく前に撃ち落とせる可能性があります。システムの開発費は4,000万ドル

米海軍艦ポンスに配備されドローン撃退用レーザー砲（LaWS）（出典：U.S. Navy〈YouTube〉）

（約42億円）ですが、攻撃1回当たりのコストは「1ドル」、数千度の高温で対象物だけを正確に破壊するため、犠牲者や被害を最小限にできると海軍は説明しています。

　武装ドローン・テロが、ふつうの都市でおこなわれた場合、ミサイルなどで迎え撃つというわけにはいきません。また、小型ドローンが100メートルの高さを飛べば、豆粒ほどの大きさになるので、銃やライフルで撃ち落とすことは「非常に難しい」と専門家は指摘しています。

　レーザー砲の小型化は進んでおり、数年後には小型トラックに載せたドローン撃退用レーザーが、一般向けにも売り出されるかもしれません。

6-05 スワーム(編隊飛行)ドローン

2018年冬季オリンピックの開会式では、1,218機のドローンが夜空に「五輪マーク」を作り出し、大きな注目を集めました。これはインテル(Intel)社のシューティング・スターによるドローン・アトラクションです。

2018年冬季オリンピック開会式で披露された
スワーム・ドローンのアトラクション
(出典:インテル)

アトラクションだけでなく、商業ドローン業界では複数のドローンを同時に飛行させる技術開発が盛んです。こうした飛行方法を英語ではスワーム(Swarm:大群)と呼び、商業ドローンにおけるビジネス・モデルの将来を垣間見せてくれます。

スワーム・ドローンのメリットは、作業を複数の機体で分担できることです。たとえば、広い地域をリモートセンシングする場合、複数の機体に分けて飛行すれば、時間が短縮できます。また、気象観測では高度別に同時観測すれば、立体的なリアルタイム情報が得られ、従来にない気象データが得られるでしょう。

スワーム・ドローンは、大きくふたつのアルゴリズムに分かれます。ひとつは集中制御システム(centralized control algorithms)で、もうひとつは分散制御システム(decentralized control algorithms)です。

集中制御システムは「広義のスワーム」で、各機体それぞれ

第6章 さまざまなドローン・ビジネス・モデル

に飛行経路をセットして同時に飛ばし、中央で監視する方法です。

たとえば、2017年11月に中国ディージェイアイ社が発表した運行管理アプリ「フライトハブ」は、同じテレメトリー・ドメイン内で4台の操縦と監視ができます。同じく、中国エックスエアクラフト（XAIRCRAFT）社は、複数の機体を飛ばして農薬散布を効率よくおこないます。

エックスエアクラフト社の農薬散布ドローンとスワーム管理用アンドロイド携帯
（出典：エックスクラフトホームページ）

集中制御アルゴリズムは、フライトプランナーやフリートマネージメント・システムの付属機能として収められる場合もあります。

一方、スワーム・ドローンの醍醐味は、分散制御システムにあります。2018年冬季オリンピックで夜空を飾った1,218機のシューティング・スターは、ドローンそれぞれが互いに情報を交換し合いながら、位置制御をおこなう分散制御だからこそ可能だったのです。

分散制御技術は、インテル社だけではありません。たとえば、2017年秋にフライト・プランナーの大手、エス・ピー・エイチ・エンジニアリング（SPH ENGINEERING）社が発表した「ドローン・ダンス・コントローラ（DDC）」なども分散制御システムです。同DDCのデモでは、多数のドローンに光や花火、発煙筒などを実装して、娯楽パフォーマンスをおこなう様子がビデオで紹介されました。

U.S. DRONE BUSINESS REPORT

ドローン・ダンス・コントローラのデモ風景
（出典：エス・ピー・エイチ・エンジニアリング）

　集中制御アルゴリズムは、トラブルが起こるとすべてのドローンに大きな影響が出ます。一方、分散制御では、ドローンそれぞれが互いに制御し合うので、トラブルに強いのが特徴です。分散制御アルゴリズムは冗長性が高いので、災害地や山岳遭難捜索などの厳しい環境に適しています。

　もちろん、集中制御でも分散制御でも、複数のドローンを同時に使うことができれば、作業効率はぐっと上がります。

　分散制御アルゴリズムの課題は、状況への対応力です。第1世代の分散アルゴリズムは、一定のパターンで編隊を組んだり、組み替えたりすることはできますが、回りの状況に応じて、編隊を臨機応変に変えながら飛ぶことは苦手です。

　たとえば、広く編隊を組みながら飛んでいて、トンネルにぶつかった際、臨機応変に編隊を一直線に組み替えて「トンネルを通過する」という能力はありません。

　しかし、こうした次世代の分散アルゴリズムの研究も盛んです。マサチューセッツ工科大学のマルチ・ロボット・ナビゲーション・イン・フォーメーション・リサーチでは、シミュレーションベースですが、状況に応じて自由に編隊を変えながら目

第6章 さまざまなドローン・ビジネス・モデル

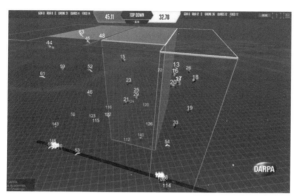

オレゴン大学が研究する大規模スワーム・ドローン
※巻末－拡大資料（16）参照　　　（出典：DARPA の YouTube ビデオ）

的地に到着できるアルゴリズムで成果をあげています。

こうした状況に応じて編隊を組み替える能力があれば、交通違反で逃げる車を複数のドローンで追いかけたり、大規模災害が発生した時に大量の小型ドローンが飛び立ち、状況に応じて人々に適切な避難路を誘導する、といった利用方法が可能になります。

2018年から、オレゴン州立大学ではDARPA（国防総省高等計画局）の委託で、大規模なスワーム・ドローン飛行用のフレームワーク（スワーム・インフラストラクチャー）開発という超最先端の研究を開始しました。

同研究のゴールは、地上の自動運転車などを含めた数百台単位のドローン（無人ロボット）編隊を、建物が乱立する都市部で運用することです。

同研究では、地上にいるオペレーターのジェスチャーや命令（音声）に応じて、偵察業務などをおこなうドローン・マシーン対話システムの研究も含んでいます。

スワーム・ドローンは、あと数年で実用レベルに達するでしょう。そうなれば、商業ドローンのビジネス・モデルが一変することになります。

コラム7

スワーム・ドローンによる人工授粉？

　スワーム・ドローンの用途として期待されているのが、作物などの人工授粉です。

　今世紀に入って、ミツバチの減少が世界的な問題となっています。減少の理由は農薬の影響だと言われていますが、ミツバチが飛び回り受粉することで育つ作物は、世界主要食物100種類の7割に達します。特に柑橘類やアーモンドは、ミツバチなしには受粉ができません。このままでは作物の育成に大きな障害が発生します。

サバンナ芸工大学アナ・ハーデルワングさんが研究する受粉ドローン
（出典：アナ・ハーデルワングさんのリンクドインページ）

第6章　さまざまなドローン・ビジネス・モデル

　そうしたなか、2017年春、米ジョージア州のサバンナ芸工大学の学生アナ・ハーデルワングさんは、植物の受粉を助ける手のひらサイズのドローンを開発しました。

　「プラン・ビー」と名付けられた同ドローンは、花の周りを飛びながら花粉を吸い込み、それをほかの花の上で放出する仕組みです。すでに特許は申請しており、2年後の商品化を目指しています。

　スワーム制御が一般化すれば、こうした受粉作業に応用できるでしょう。分散型制御なら、畑の中を複数のドローンが飛び回り、短時間で細かく受粉作業をおこなうことができるからです。

第7章
ドローン・ビジネス
の全体像

本章のポイント

　ここまで小型商業ドローンのビジネス・モデルや利活用について解説してきました。商業ドローンは、大きな可能性を秘めていることをご理解いただけたと思います。しかし、新しい空のビジネスという広い視野に立つと、商業ドローンは、その幕開けに過ぎません。

　本章では、これから広がるであろう空のビジネスとして、パッセンジャー・ドローンなどの未来ビジネスを簡単に紹介していきます。

＜パッセンジャー・ドローン＞

　人を乗せて短距離を飛ぶパッセンジャー・ドローンとは、空の自動運転車です。17年末現在、世界では約30社がパッセンジャー・ドローンのコンセプトを発表し、実際に機体開発をしている会社は、エアバスなど約10社に達しています。

　米国では、FAA（連邦航空局）の免許を得て試験飛行をする機体が、2018年中に最低4社あると言われています。当面は、パイロット付きで実験飛行を繰り返し、2022年ぐらいには実験サービスが開始されるでしょう。パッセンジャー・ドローンの概念と市場性、技術的な課題などについて解説します。

第7章 ドローン・ビジネスの全体像

＜マルチモード都市交通システム＞

　商業ドローンやパッセンジャー・ドローンは将来、航空機の都市利用を広げていくでしょう。その普及には、自動運転システムと管制システムが欠かせません。また、既存の鉄道や船舶など、さまざまな交通機関にも管制システムが導入されていきます。

　それにより既存のモビリティー・システムは、ユーザー視点で統合される「マルチモード都市交通システム」へと進化するでしょう。まだコンセプト段階ですが、最先端の同システムについて解説します。

＜高々度ソーラー・ビジネス＞

　空のビジネスでも、もっとも未開拓の分野が、地上10キロメートルを超える高々度の空域利用です。

　現在、この分野ではソーラー・ドローンや高々度飛行船などが計画されています。この未知の領域で進んでいるさまざまなプロジェクトを紹介しながら、その市場性とビジネスモデルを見てみましょう。

U.S. DRONE BUSINESS REPORT　　179

7-01 パッセンジャー・ドローンとは

SF映画では、都市空間を飛び回る乗り物がよく出てきます。これから紹介する「パッセンジャー・ドローン」は、あの空飛ぶ車のイメージに近いといえます。航空業界では、

中国イーハング社のeHANG184
(出典:同社ホームページ)

eVTOL(イーブイトール、電動垂直離着陸機)と呼ばれ、数年前から開発が活発化しているドローンの最新分野です。

パッセンジャー・ドローンが初めて広く一般の目に触れたのは、おそらく2016年のCES(国際家電見本市、米ラスベガス市)でしょう。中国の玩具ドローンメーカー・イーハング(EHANG)社が、コンセプト・モデルとしてeHANG 184を紹介したからです。そのスタイルは、小型マルチ・ローターを人が乗れるサイズに拡大したようで、多くのメディアがニュースに取り上げました。同機は開発を重ね、中国で実際に人を乗せて飛んでいるビデオが18年2月に公開されました。

また、2018年のCESでは、ドイツのボロコプター(Volocopter)と米国ワークホース(WORKHORSE)グループのシュアーフライが展示され注目を集めました。前述した通り、17年末現在、世界では約30社がパッセンジャー・ドローンのコンセプトを発表し、エアバスなど約10社が実際に機体開発をおこなっています。その中でも、もっとも実用レベルに近いと言われているのがボロコプターです。

同機は、18年のCES基調講演で実際に飛行しました。室内ということで3メートルほど舞い上がっただけですが、パッセ

第7章　ドローン・ビジネスの全体像

2018年CESで展示された独ボロコプター　（撮影：筆者）

ンジャー・ドローンの一般向けデモでは米国初といえるでしょう。横から見ると小型ヘリコプターのように見えますが、上部には18個の小型モーターとプロペラが付いています。これだけあれば、ひとつやふたつのモーターが故障しても墜落しません。もちろん、機体上部には大型パラシュートが付いており、万が一に備えます。

機能としては自動操縦ができますが、ドイツ政府は認めていないため、ボロコプターはパイロットによる実験免許を取得し、飛行実験を繰り返しています。また、18年からアラブ首長国連邦のドバイ市で本格的な試験運行を予定しています。

18年のCESでは、独ボロコプターと隣合わせに、ワークホース・グループのパッセンジャー・ドローン、シュアーフライも展示されました。シュアーフライは4つのアームに8つの電動モーターを付けたタイプで、発電機を搭載したハイブリッドタイプです。これはエンジンを回して電気を起こし、モーターを回す方式で、エンジンが故障したときのために予備バッテリーを搭載しています。同社の親会社ワークホース・グループは電動配送トラックのパイオニアとして知られており、その技術をパッセンジャー・ドローンに活用しました。残念ながら、CES初日が大雨による天候不順だったため、予定していたデモ飛行

U.S. DRONE BUSINESS REPORT　　181

は中止となりました。

　シュアーフライやボロコプターは乗員数2名、飛行時間は30分程度です。パッセンジャー・ドローンは飛行機ですから、もし目的地に着いて強風などで着陸できないときには、戻ってこなければなりません。つまり、実際の飛行時間は15分程度ということになります。

　15分しか飛べない飛行機ということで、CESでは「ボロコプターは一体なにに使うの」という質問が飛び交いました。確かに15分で2名では、車というより「スクーター」といったイメージが近いでしょう。では、パッセンジャー・ドローンはどんな使い方を期待されているのでしょうか。

モデル　ボロコプター（Volocopter 2X）

会社概要	本社：Karlsruhe, Germany（ドイツ、カールスルーエ） 設立：2011年 社員：11-50名（推定） 事業：電動ヘリコプターの商業化を目指すベンチャー
開発状況	2011年プルーフオブコンセプト 2016年、独で飛行許可を取得、実験飛行中
機体性能	・機体タイプ：翼なしマルチローター ・席数：2席 ・航行速度：時速70キロメートル（最高時速100キロメートル） ・航続距離：27キロメートル ・飛行時間：27分 ・推進：18機の電動モーター ・エネルギーストレージ：バッテリー ・安全／信頼性：機体パラシュート。プロペラ、モーター、電力、電子部品、飛行制御、ディスプレイなどに冗長性を確保。システム間通信は光ファイバー
ロードマップ	2017年：ドバイでテスト飛行 2018年：米CESに出展。インテル基調講演で室内飛行を披露

（出典：各種ニュースをもとにアエリアル イノベーション社が作成）

第7章 ドローン・ビジネスの全体像

7-02 渋滞が嫌なら空を飛べ

　都市における渋滞は人々を悩ませてきました。日本でも、首都高速道路などは、朝夕の渋滞でイライラしながら運転する人も多いはずです。米国でも、ロサンゼルス市やニューヨーク市、ワシントンDC、シリコンバレーなどの大都市では、日中でも渋滞が激しく車で街中を移動するのが大変です。

　たとえば朝夕の渋滞時、サンノゼからサンフランシスコに車で移動すると2時間程度は覚悟しなければなりません。両都市を結ぶ高速道路101には、カープール・レーンという乗員2名以上の車が優先的に走れるレーンもありますが、最近ではそうした優先路まで混んでいます。

　そこで登場するのが、パッセンジャー・ドローンです。実は、サンノゼからサンフランシスコまで、空を直線で飛べば「約15分」しかかからないのです。日本で言えば、東京駅から成田空港まで15分で飛べるでしょう。ハイヤー並の料金で空を飛ぶことができれば、利用する人は多いはずです。「渋滞が嫌なら空を飛べ」と言うわけです。

　現在パッセンジャー・ドローンの用途は、こうした「渋滞を迂回するサービス」がもっとも需要が高いだろうと想定されています。特に米国のように国土が広く、鉄道や地下鉄などの公共交通機関がないところでは、パッセンジャー・ドローンを使ったプレミアム・サービスの潜在市場が大きいと予想されます。

　ただ、渋滞迂回を狙う交通手段としては、ヘリコプターを使った同様のサービスがあります。たとえば、渋滞で有名なブラジルのサンパウロ市では、空港から都心を結ぶ、「ブーム（Voom）」ヘリコプター・サービスがあります。約30キロメートルの距離ですが、車を使えば、1時間以上かかります。これを10分で飛び、料金は約1万5,000円程度。安くはありませんが、大変人気があります。

U.S. DRONE BUSINESS REPORT　　183

現在利用されているヘリポートサービス

会社名	Blade (ニューヨーク市)	Voom (サンパウロ市)	Better Space (日本)
移動区間	①ニューアーク空港 →マンハッタン ②JFK→マンハッタン	空港→都心ヘリポート	関西国際空港→京都
サービス 形態	定期サービス	オンデマンド	準オンデマンド (前日予約)
移動距離	①31キロメートル ②42キロメートル	31キロメートル(例)	約100キロメートル
車で行った 場合の時間	①1時間以上 ②1時間以上	1時間以上(例)	約2時間
移動時間	①5分 ②5分	10分	25分
料金	①$195 ②$295	約$150	21万円〜27万円 (片道)
1時間の節約に かかるコスト	約$200〜300	約$150	約13万円〜17万円

(出典:各社ホームページ)

では、なぜヘリコプターではなく、eVTOL(電動垂直離着陸機)のパッセンジャー・ドローンなのでしょうか。大きな問題は、騒音とコストです。ヘリコプターの騒音は大きく、オフィスや住宅がある地域に離発着施設を置くことはできません。昔、ニューヨークのマンハッタンには10カ所ほどヘリポートがありましたが、騒音問題でほとんどが閉鎖に追い込まれました。

一方、電動モーターと小さなプロペラを使うパッセンジャー・ドローンは、ヘリコプターに比べて騒音が少ないと言われています。たとえば、ビルの屋上などで離発着すれば、オフィス街や住宅地でも利用できるだろうと考えられています。

もうひとつは運航コストの問題です。ヘリコプター運用費の大半は、メンテナンスコストと言われています。特にエンジン

は、定期的に分解点検などが義務付けられ、運用コストが高くなります。一方、モーターとプロペラ、バッテリーというパッセンジャー・ドローンは構造が簡単で、メンテナンスコストをヘリコプターに比べて大幅にダウンできます。パッセンジャー・ドローンを開発している各社は、ある程度普及すればハイヤー並みの料金は可能と見ています。

　パッセンジャー・ドローンにおける最大の課題は、バッテリーです。大容量化、軽量化が重要で、安全性の確保も必要です。また、充電時間も問題です。充電に数時間かかれば、運航時間が短くなり、ビジネスにはなりません。急速チャージ技術が研究されていますが、現在のバッテリーでは、急速チャージを繰り返すと寿命が短くなります。

7-03 NASAの次世代航空機ビジネス

　過去、「空飛ぶ車」という夢を追いかけたメーカーや研究機関は、数多くありました。しかし、騒音やコストなどさまざまな技術課題を克服できず、消え去っていきました。一方、今回のパッセンジャー・ドローンは、関係者の間で実現性が高いとされ、メーカー各社が具体的な開発投資を進めています。それはなぜでしょうか。

　同ブームの背景には、NASA（連邦航空宇宙局）が2015年から本格的に進めてきたオンデマンド・モビリティー（On-Demand Mobility：以下ODM）プロジェクトの貢献が大きいと言われています。同プロジェクトでは、「電動推進力」「無人操縦技術」「ドローン管制技術」「軽量コンポジット構造」という技術イノベーションを洗い出し、「シェアード・モビリティー」を加えることで、具体的なビジネス・モデルを描くことに成功したからです。

　ちなみにNASA ODMプロジェクトは、パッセンジャー・ドローンだけでなく、中長距離の航空サービス（thin-haul）も対象としています。それらの実現に障壁になりうる課題を含め、統一した技術開発のフレームワークは注目に値します。（下図）

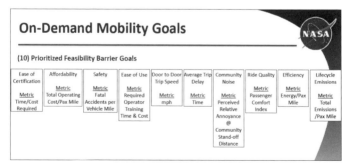

（出典：NASAホームページ）

第7章　ドローン・ビジネスの全体像

　具体的には、モーターの推進効率が22％から84％に向上したことや騒音レベルが大きく下がったこと。また、マルチ・ローターにより低速でも安全性が高く、操縦性能も良くなった点など、従来の空飛ぶ車の課題が多くの点で技術的に克服可能であることを示唆しています。このNASA ODMプロジェクトは現在も続いています。

NASA ODMプロジェクトで洗い出された、パッセンジャー・ドローンの可能性

推進効率	モーターは、エネルギーから推力への変換効率が22％から84％に上昇。
空力性能	揚抗比を11から18に改善。
排出	ライフサイクル排出ガス排出量が5分の1に減少。
騒音	騒音レベルが85dBから70dB以下に下がり、「実際のいらだち」レベルも下がった。
安全冗長性	マルチ・ローターは低速度でも信頼性があり、安定した制御技術により冗長性が向上。
乗り心地	翼面荷重が2〜3倍上昇した。
信頼性（定時運航性）	低メンテナンスで、高翼面荷重により突風や悪天候に強いため、出発遅延が減少。
運航コスト	エネルギー費用が全運航費用の45％から6％に減少。
操縦性の向上	デジタル推進により、自動飛行技術は自動車と同程度の操縦しやすさと安全性を実現。
機体軽量化・品質向上	ロボットを使ったコンポジット素材製造、金属もプラスチックの付加製造（3Dプリント）技術が進歩。
低速度／高速度要件の統一	飛行状況に応じたティルト機構など、可動可能な機体構造の検討が進歩している。
層流特徴や着氷防止	ニュー・マテリアルやコーティング技術が進歩。
航空機搭載衝突回避や非GPS誘導	センサーや航空機間の空域管制技術が進歩。
悪天候回避	オンデマンドで、より高解像度の気象データや天気予報を得ることができる。
サービス値ごろ感	ウーバー社など必要なときに必要な移動手段を調達する「シェアード・モビリティー」の存在。

（出典：NASAホームページ）

※巻末－拡大資料（17）参照

　このパッセンジャー・ドローンの可能性に大きな関心を示したのが、車の共有サービスで有名なウーバー（Uber）社でした。同社は、次世代サービスを模索しており、パッセンジャー・ドローンの可能性に大きく心を動かされました。そして2016年10月、同社は独自のパッセンジャー・ドローン・プロジェクト「ウーバー・エレベート」を発表したのです。

U.S. DRONE BUSINESS REPORT　　187

7-04 ウーバー・エレベートの概要

　ウーバー社は現在、世界77カ国、600都市以上で利用されているシェアード・モビリティー（車の共有サービス）大手です。その月間の乗車客は6,500万人、登録ドライバーの数は全世界で200万人を超えています。同社は次世代サービスとして、ダイムラー・ベンツ（Daimler-Benz）社およびボルボ（VOLVO）社と提携し、自動運転車の開発にも力を入れています。ボルボの自律運転システムはモジュラー・タイプで、他社のさまざまなタイプの車両に搭載できます。一方、ベンツの自律運転システムは、同社独自仕様のものです。ベンツ社は、ウーバー社の配車システムで同社の車両を運用しようと考えています。

　一方、パッセンジャー・ドローンのプロジェクトは、2023年を試験運用の時期として、研究開発が進んでいます。このプ

（出典：アエリアル・イノベーション）

第7章　ドローン・ビジネスの全体像

ロジェクトが米国で注目を浴びたのは、2016年秋に発表した「ウーバー・エレベート白書」と、17年5月に開催された「ウーバー・エレベート・サミット」会議でした。特に17年のサミットでは、パッセンジャー・ドローンの共同開発メーカーを発表し、話題となりました。

ウーバー・エアーとも呼ばれる同プロジェクトは、パッセンジャー・ドローンの技術開発に偏重せず、シェアード・モビリティーから得た具体的な経済利便性をプロジェクト推進の根拠にしています。特に、近中距離の公共交通機関が整備されていない米国において、その役割をパッセンジャー・ドローンに担わせることを狙っています。

具体的には、地上のシェアード・モビリティー（車）でドローン・ポートまでの足を確保、次にパッセンジャー・ドローンで数十キロメートル程度の移動をおこなった後、最終目的地までさらにシェアード・モビリティーで届ける、という地上交通と都市航空交通の一貫サービスを狙っています。

しかも、これをモバイルアプリでシームレスにつないでいるため、利用者は、車とパッセンジャー・ドローンの併用を意識

ウーバはモバイルアプリで一貫サービスを提供する。

ドローン・ポートでの乗り換え案内なども、アプリで示す。徹底的にユーザーの利便性を追求している。

（出典：Uber Elevate）

することなく利用できます。

一方、2018年のCES（国際家電見本市）で、大手ヘリコプター・メーカーのベル・ヘリコプター（Bell Helicopter）社は、パッセンジャー・ドローンの飛行体験を楽しめるシミュレーションを出展し、注目を浴びました。同社はウーバー社とパッセンジャー・ドローンの開発をしています。

ビルの一階で目的地を登録するところから始まるシミュレーションは、エレベーターを使って屋上に上り、ドローンに乗り込むところに続き、デモ用機体に乗り込んだあとはVR（仮想現実）グラスで飛行体験に移るものでした。

実際には3分ほどのデモですが、ビルから飛び立ち、渋滞で車が動けないハイウェーの頭上を飛ぶ場面は、サービスの便利さが実感できるものでした。また、機内ではメールのやり取りなど仕事環境を整備し、企業エグゼクティブを狙ったプレミアム感を演出していました。

米国では、FAA（連邦航空局）の免許を得て試験飛行をする機体が、2018年中に最低4社あると言われています。当面は、パイロット付きで実験飛行を繰り返し、2022年ぐらいには実験サービスが開始されると予想されます。

ベル・ヘリコプターのデモ風景　（撮影：筆者）

第7章　ドローン・ビジネスの全体像

7-05 マルチモード都市交通システム

米国ではウーバー（Uber）社を筆頭に、ボーイング（Boeing）社の子会社オーロラ・フライト・サイエンシーズ（Aurora Flight Sciences）社などがパッセンジャー・ドローンの商業化に力を入れています。一方、欧州では、航空機大手エアバス（Airbus）グループが主要プレーヤーです。

同グループでは、空飛ぶ車による新ビジネスを「アーバン・エアー・モビリティー（都市航空交通システム、UAM）」と呼び、ふたつの事業部で研究開発をしています。ひとつめは、シリコンバレーにあるエアバスの研究開発部門エイスリー（A³）ラボです。ここでは二人乗りのパッセンジャー・ドローン「バハナ（Vahana）」を開発しています。

すでに同ラボはフルスケールの機体を開発し、実際の飛行試験を開始しています。前後の翼に8つの電動モーターを取り付け、垂直離着陸のときは翼を垂直してプロペラを上向きに、水平飛行のときは翼を水平にして浮力を得ながら飛ぶ、ティルトタイプのデザインを採用しています。

プロペラの速度を落として騒音を軽減する工夫があり、機体のタイプはパッセンジャー向け、貨物輸送（150キログラム）、警察や消防などが使う公安向けの3タイプに分かれています。

ふたつめは、世界最大のヘリコプター・メーカー、エアバス・ヘリコプターズ（Airbus Helicopters）社の開発する「シティーエアバス（CityAirbus）」です。こちらは大きな4つのローターを持つヘリコプターのようなスタイルをしています。

シティーエアバスは、2015年から運航コストやビジネス・モデルの研究を開始し、現在、部品試験や小型ドローンによる飛行実験などのフィージビリティー・スタディーを終えたところです。18年にはフルスケール・プロトタイプを製作して、試験飛行を進めることになっています。

U.S. DRONE BUSINESS REPORT　　　191

シティーエアバス（出典：Airbus）

　このシティーエアバスのサービスを紹介したビデオを見ると、そのコンセプトは単なるパッセンジャー・ドローン開発ではなく、都市交通システム全体を意識しています。

　そのビデオは、女性がスマートフォンで自動運転車を呼ぶところから始まります。この自動運転車は、乗客が乗るキャビン部分と道路を走るモビリティー部分が分かれており、ビルのパーキングに着くと、キャビン部分が分かれ、飛んできたマルチローター・ユニットとドッキングして、パッセンジャー・ドローンに変わります。またビデオの別の場面では、キャビンごと列車ユニットに繋がって、電車として走り回る場面もあります。

　つまり電動化によって、「走る」「飛ぶ」といった機器が小型化できるため、いちいち車や列車、パッセンジャー・ドローンに乗り換える必要がなく、モジュラー・モビリティーによるシームレスな移動の世界を描き出しています。

　これは現在のモビリティーの欠点をよく示しています。たとえば、郊外に住んで都市に通勤する場合、バスや電車、地下鉄などを乗り継いでいる方は多いでしょう。その場合、乗り物を変えるたび、時刻表の確認や料金精算などの作業を繰り返します。また、自家用車に乗る場合、道路の混雑具合をカーナビやスマートフォン、車内ラジオなどで絶えず確認するでしょう。

　これは各交通機関が、それぞれ独自に運行計画を立てて動い

第7章 ドローン・ビジネスの全体像

ており、相互の情報交換ができていないことや、乗客がいつ、どのくらい、どこまで乗るかの予測ができないからです。

しかし、これから自動運転車やパッセンジャー・ドローンが増え、それぞれが運行管理システムで管理されるようになれば、相互連携による効率化が可能になります。たとえば、ウーバー・エアー（UberAIR）の場合、スマートフォンで行き先を指定すると、自動的に車とパッセンジャー・ドローンを組み合わせた最適な経路と料金を導き出してくれます。これは車の配車システムとパッセンジャー・ドローンの運行管理システムが連動しているからです。

このように、道路、鉄道、船舶、パッセンジャー・ドローン、航空機などのモビリティーが連携し、それぞれのユーザーに最適な形で運行され、予約や精算も一括でできれば、どんなに便利でしょう。

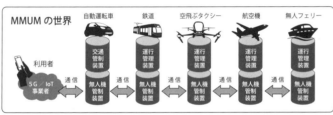

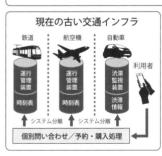

- 鉄道にせよ、車にせよ、従来の交通インフラ（左）は大量輸送をベースに発展し、自動化と最適化を進めてきた。そのためユーザーは、各交通機関のスケジュール（時刻表）に合わせて最適な移動方法を考えなければならない。また、交通機関それぞれに予約や支払い処理をしなければならない。

- 一方、自動運転車やパッセンジャー・ドローンなどの少量個別輸送をベースにした交通機関が自動運転になると、ユーザーに合わせて交通機関側がスケジュールを組むことができるようになる。

- ユーザーは目的地をモバイルアプリに示すだけで、MMUM側が最適な経路と料金を算出し、手配をおこなう。また、料金の支払いや日程の変更ももう一つのインタフェースで可能になる。

- ユーザーが移動中も各交通機関の管制装置が常にモニターし、遅延や事故に遭遇すると、ユーザーに代わって最適な移動方法を計算し、再手配をおこなう。

（出典：筆者作成）

※巻末－拡大資料（18）参照

まだ、こうした本当のパーソナル・モビリティーの概念には正式な名前がありません。筆者は、独立している交通管理システムを統合するインフラの近代化ということで「マルチモード都市交通システム（MMUM、Multi Modal Urban Mobility）」と呼んでいます。

　MMUM の基本は、交通インフラ側が最適なサービスを計算して提供する点です。たとえば、東京の自宅からスマホでサンフランシスコのホテルを予約すれば、予約日に合わせて最適な電車－車－飛行機の組み合わせを示してくれるでしょう。

　インターネットがない時代に整備された高速道路や鉄道、航空機は、前近代的な交通システムです。2020 年代に登場するスマートシティーでは、MMUM によって交通インフラが生まれ変わらなければなりません。その第一歩がパッセンジャー・ドローンとシェアード・モビリティーの融合ではないでしょうか。

7-06 高々度ソーラー・ドローンの世界

　過去数十年にわたり、NASA（連邦航空宇宙局）はさまざまな無人機の研究や開発を進めてきました。それは多岐にわたり「無秩序」のように見えます。しかし、そこには将来、ドローン（無人機）と有人機が協調して空を飛び回る大きなビジョンを持って、研究開発が進められているのです。

　たとえば、2015年から本格化したオンデマンド・モビリティー（ODM）プロジェクトでは、2020年代から30年代という広い視野で、無人機における重要なビジネス・エリアを設定しています。それが「NASA、ドローン4大ビジネスエリア」です。

　そこでは、低高度過疎地（Low Altitude Rural）、低高度都市（Low Altitude Urban）、中高度有人・無人機（VFR-LIKE）、高々度無人機（IFR-LIKE）というビジネス・エリアを設定しています。

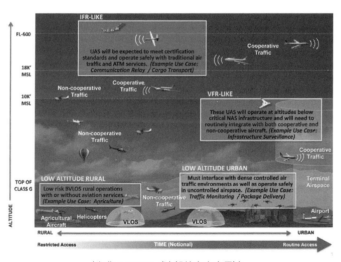

（出典：NASA〈連邦航空宇宙局〉）

最初の「低高度過疎地」市場は、田舎での商業ドローン利活用です。本書の第5章、ドローン・インスペクション部分で紹介した BNSF 鉄道や電力の SDGE 社の事例が、このビジネス・エリアに相当します。

「低高度都市」市場は、本書における第4章のドローン物流やパッセンジャー・ドローンの事例に当たります。

一方、NASA（連邦航空宇宙局）は、高々度ドローンも将来大きなビジネスになると考えています。これは一般旅客機よりもはるかに高いところを飛ぶ無人機で、衛星通信や飛行機によるリモートセンシングなどの支援が期待されています。

有名な事例は、第1章でも触れましたが、ソーシャル・ネットワーク・サービス(SNS)で有名なフェースブック（Facebook）社です。同社は 2014 年 3 月、イギリスのベンチャー・アセンタ（Ascenta）社を約 2,000 万ドルで買収し、長期滞在型のソーラー・ドローン「アクイラ（Aquila)」による通信サービスの事業化を進めています。

その目的は、過疎地などへのブロードバンド整備です。現在

フェースブック社が開発する高々度ソーラー・ドローン「アクイラ」
（出典：ユーチューブ・ビデオ）

第 7 章　ドローン・ビジネスの全体像

も、世界で約 16 億人の人々がインターネットを自由に利用できません。SNS サービスを世界の隅々まで提供するという目標を持つフェースブック社は、太陽エネルギーで長期間、高々度を飛び続けるソーラー・ドローンを無線基地局として使い、ブロードバンドが整備されていない地域にネットサービスを提供しようとしています。

アクイラは、翼いっぱいに張った太陽光発電パネルで電気を作り、約 90 日間高々度にとどまり、地上約 60 マイル（約 97 キロメートル）の地域にブロードバンドを提供する予定です。高々度は常に晴れているため、昼間は太陽光発電パネルで電気をためながら、直径 10 キロメートルで周回飛行し、上空 18 キロメートルから 27 キロメートルの間で滞在します。

2015 年 8 月、フェースブック社はアクイラの機体を公開し、16 年 6 月末に初飛行を成功させました。初飛行は低高度で予定時間の 3 倍に当たる約 96 分間飛行し、オートパイロット、モーター、バッテリー、無線機器、地上局、各種ディスプレー、操舵システムなどのチェックがおこなわれました。

離陸には、機体を載せたドリー（撮影などに使う移動車両）を使用し、適正速度に達すると、機体を固定していたストラップが爆薬で切断され離陸します。離陸は自動ですが、手動操作も可能で、低高度（高気圧環境）と高々度（低気圧環境）に対応するため、機体やプロペラ設計に空力サーボ弾性技術を駆使しています。

また、16 年 10 月から 17 年 4 月まで、同社の本社が所在しているメンロ・パーク上空で 2.4 ギガヘルツの通信実験を実施しています。

7-07 参入相次ぐ高々度ソーラー

　高々度ソーラ・ドローンの開発は、フェースブック社だけではありません。航空機大手のエアバス（Airbus）社も、「ゼーファー（Zephyr）」シリーズを開発しています。

　2010年、最初に飛んだゼーファー7は336時間22分の連続飛行をおこないました。16年末、英国防省は「ゼーファーS」を1,300万ポンド（約17億円）で購入し、通信サポートの実験をおこなっています。ゼーファーSは、高度70,000フィート（21,000メートル）で約45日間飛行でき、英国防省は低軌道測位システム（Pseudolite Satellite）としての利用を期待しています。エアバス社はさらに大きなゼーファー T（積載量が80キログラム）も開発しています。

　また、2018年1月、軍事系小型ドローンの最大手、アエロバイロメント（AeroVironment）社が高々度ソーラー・ドローンの開発を目指すハプスモバイル（HAPSMobile）社を設立しました。ハプス（HAPS）とは、High-altitude platform stationの略で、高々度に滞在するソーラー・ドローンや飛行

エアバス社が開発する高々度ソーラー・ドローン「ゼーファー」の概念イラスト　（出典：同社ホームページ）

第 7 章　ドローン・ビジネスの全体像

船などを総称する名称です。

アエロバイロメント社は 80 年代に高々度ソーラー・ドローンの概念を提唱し、90 年代後半から 2000 年にかけて、NASA（連邦航空宇宙局）の環境研究用航空機およびセンサー技術（ERAST）プログラム向けに開発をおこなっています。同プロトタイプ「AeroVironment Helios」は 2001 年 8 月、高度 96,863 フィート（約 30,000 メートル）に達し、有翼航空機による飛行高度の世界記録を樹立しました。また、02 年「AeroVironment Pathfinder Plus」では、高度 65,000 フィート（約 20,000 メートル）で HDTV、3 G モバイル音声、データなどの通信接続に成功し、高々度ドローン通信サービスの可能性を実証しています。

ハプスモバイル社のほかにも、ソーラー・インパルス（Solar Impulse）社も高々度ソーラーに関心を示していると言われています。同社は、太陽光発電の電動有人機「Si2」で世界一周に成功したことで有名です。

一方、グーグル（Google）社の親会社アルファベット（Alphabet）社は、2017 年 1 月、高々度ソーラー・ドローン「タイタン（Titan）」の開発を打ち切っています。理由は事業化しても採算性が取れないと判断したためです。同開発プロジェクトは 14 年に、グーグル社がソーラー・ベンチャーのタイタン・アエロスペース（Titan Aerospace）社を買収して始まりました。利用方法としては、地球の画像撮影（リモートセンシング）やブロードバンド・サービスです。

2015 年のグーグル社の組織変更で、アルファベット社の研究部門「X」に組み込まれ、その後、配送ドローン開発の「プロジェクト・ウィング（Project Wing）」と合体しました。しかし、アルファベット社は高々度ビジネス分野で「ルーン（Project Loon）」を選択し、タイタン・プロジェクトを終了させました。

U.S. DRONE BUSINESS REPORT　　199

ちなみに、ルーンは高々度を飛ぶ気球に通信機器を載せてモバイル・ブロードバンドを提供するサービスで、最近ではハリケーン・マリア（2017年9月）で大被害を受けたプエルトリコで、約20万人に災害通信サービスを提供しました。
　ハプスモバイル社の新規参入やタイタンの撤退などを見ると、高々度ドローンの世界はまだまだ未知の領域といえるかもしれません。

　これから空のビジネスは大きく変わります。本書では、ドローン（無人機システム）に関するさまざまなビジネスを分析してきました。現在、橋や農地などの検査で使われている小型商業ドローンは、空における未来ビジネスの「さきがけ」ともいえる存在です。そこにはコストダウンや新サービスのチャンスが広がっています。
　また、2020年代から30年代にかけて、人が乗るパッセンジャー・ドローンや衛星の下を飛び回る高々度ソーラー・ドローンなどが登場し、モビリティー・ビジネスや情報通信ビジネスも大きく変わっていきます。最終的には、商業貨物機のドローン化などにより、空は有人機と無人機が混在し、新たなモビリティーの世界が生まれるでしょう。そう考えれば、今は幼稚に見える小型商業ドローンも、将来への大きな架け橋に見えてきます。

おわりに

　2014年末あるいは15年春だったでしょう。「携帯大手ベライゾンがNASA（連邦航空宇宙局）と共同研究をするらしい」との噂が飛び込んできました。25年間、米国で通信業界のコンサルティングやリサーチを続けていた私は、この噂を追いかけ始めました。それが商業ドローンとの出会いです。

　米携帯事業者は「ドローンの制御に携帯モバイル網を利用できる」と考えていたのです。調べていくうちに、私はNASA（連邦航空宇宙局）のドローン管制システムに魅了されました。と同時に、危機感も募りました。

　過去、インターネット、スマートフォン、クラウド・ビジネスの台頭を掴み、日本のクライアントにいち早くコンサルティングしてきましたが、常にイノベーションで後手に回ってきました。その原因のひとつが「情報戦」です。

　情報は格差が少ないほど激しく流れます。シリコンバレーという狭いコミュニティーで新ビジネスが生まれ続けるのは、そうした情報戦の性格をよく示しています。そして欧米間における情報の流れも緊密です。新技術開発やビジネス・モデルの構築、規制改革などで欧米のビジネス界は自然に共同歩調が生まれます。

　すべての業種とは言いませんが、日本の経営者は企業情報戦を重視しません。新聞や雑誌に載っているありふれた情報を集めて、新ビジネスを考えたり、研究開発や経営改善に使っているビジネスマンや経営者が多いことは非常に残念です。欧米では専門分野に特化したリサーチやコンサルティング会社が足で

201

歩き、クライアントに必要な情報を集めて分析し、提供します。一方、日本では専門コンサルティング会社は育たず、インターネットの情報を切り貼りしたレポートを「最新動向」などと称して流通させています。

そのため技術スタンダードが決まる頃や製品発表のあとに、慌てて追いかける日本企業に競争力はありません。言葉を変えれば、欧米だけで勝手にゲームを始め、メンバーに有利なルール（スタンダードやビジネスモデル）が決まったあとに、日本が参加しても勝てるわけがありません。

2016年、商業ドローンを専門とするアエリアル・イノベーション社をカリフォルニア州パロアルトに設立したのは、この情報戦に備えるためでした。NASA（連邦航空宇宙局）やFAA（連邦航空局）、各種標準化団体と顔が見える密接な関係を作り、一緒にゲームに参加する会社です。

最新の情報や技術を紹介するだけでなく、クライアントと一緒になって欧米の業界活動に積極的に参加するゲートウェイ活動を弊社は重視しています。

たとえば、欧米ではいち早くドローン管制システムの重要性を認識し、約3年ほど前にジュネーブを本部とするGUTMA（Global UTM Association）という国際団体が設立されました。

GUTMAは、管制システムの国際標準を議論するための団体で、私はいち早く参加するだけでなく、積極的に日本のクライアントや関係者に参加を呼びかけました。つまり、欧米がドローン管制技術を議論する場に日本が参加することで、情報戦で遅れを取らないことを狙いました。

執筆現在、同団体には日本メンバーが一番多く、日本における商業ドローンの研究開発やテストサイトの企画運営に

GUTMAでの議論が大きな影響を与えていると感じています。

一方、日本と欧米の商業ドローンに関するコンサルティングも進めてきました。商業ドローンで新ビジネスを狙う日本企業や米国市場を狙う事業者のお手伝いです。

そこで気になるのが、日本の商業ドローン市場が一向に立ち上がらないことです。欧米の状況を料理に見立てるなら、導入企業を中心にグツグツと鍋が煮立っており、「視野外飛行と頭上飛行の禁止」という蓋を吹き飛ばす勢いです。一方、日本市場は料理の材料となる企業ユーザーが少なく、なかなか熱くなりません。

おそらく、欧米並の大規模な商業ドローン利活用を考えている日本企業はほとんどないでしょう。たとえ挑戦しようと考えても、研究企画書や事業目論見書を書くための十分な情報が日本にはありません。本書を書きたいと考えたのは、日本企業に少しでも本格的な商業ドローン・ビジネスを知ってほしいからです。

本書に掲載した内容は、弊社がこれまで調査コンサルティングしてきた内容の一部に過ぎません。まだまだ、ドローン・ビジネスは黎明期です。本書をきっかけに、商業ドローンのより深い世界へと歩みを進めていただけることを願っています。

2018年3月

小池良次 (CEO)
アエリアル・イノベーション LLC

ドローン・ビジネス・イメージ (P022)

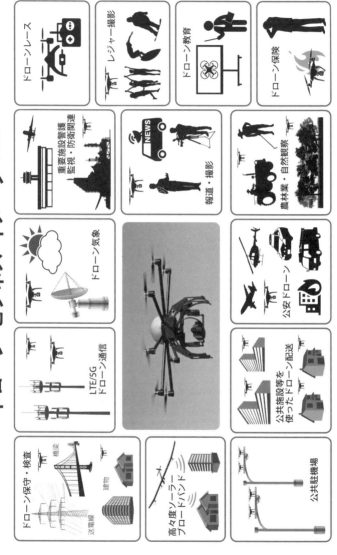

(出典：アエリアル・イノベーション)

巻末－拡大資料（1）

ドローン操縦 第1世代／第2世代 (P029)

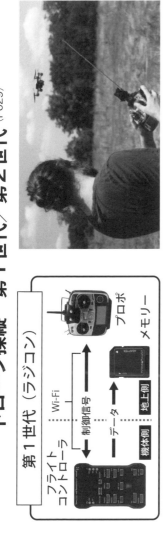

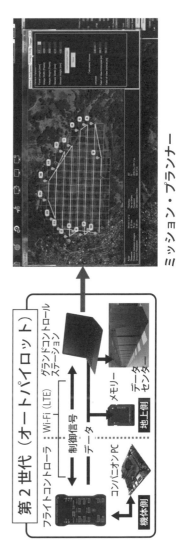

ミッション・プランナー

巻末－拡大資料 (2)

無人航空機の飛行許可が必要な空域 (P033)

以下の (A) ～ (C) の空域のように、航空機の航行の安全に影響を及ぼす恐れのある空域や、落下した場合に地上の人などに危害を及ぼす恐れが高い空域で無人航空機を飛行させる場合には、あらかじめ、**地方航空局長の許可を受ける必要があります。**

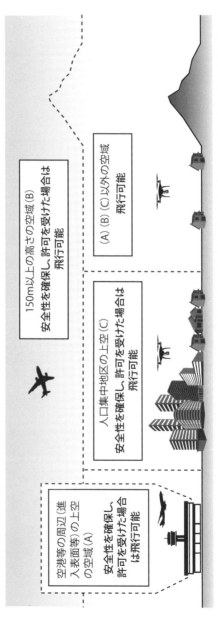

※空域の形状はイメージ　※国土交通省ウェブサイトをもとに作成

巻末－拡大資料 (3)

UTM（無人機用運行管理システム）の概念 (P038)

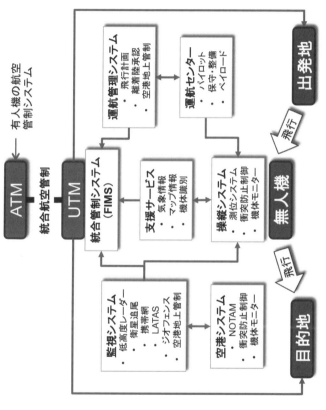

(出典：アエリアル・イノベーション)

巻末-拡大資料（4）

米リモートID諮問委員会で議論された技術（抜粋）(P065)

系	技術名	概　要
ブロードキャスト系技術	衝突防止用無線 ADS-B	・航空機用 ADS-B をドローンに搭載し、正確な ID および位置をブロードキャスト。 ・位置情報を GPS（全天位置測位情報）と気圧高度計から割り出す。 ・リモート ID に採用する場合、単独受信機による UAS 識別と追跡が可能
	低出力無線 Low-Power Direct RF (unlicensed spectrum)	・Wi-Fi、Bluetooth、RFID など無免許周波数帯を使用する低出力電波技術方式。ID と位置情報を放送し、目視距離で識別と追跡が可能。 ・Wi-Fi などの一般方式ではスマホなどで受信可能。 ・警察等の専用受信機は、機体所有者などの付帯情報を登録 DB で検索可。
	統合制御通信 Integrated C2	・機体と GCS（Grand Control Station）間の制御通信に ID メッセージを投入する方式。 ・警察などが専用の受信機を利用し、電波到達範囲内でドローンの検知が可能。
	視覚照明通信 Visual Light Encoding	・衝突回避照明の点滅により、ID 番号、位置などの情報を伝える。 ・フライトコントローラや GPS の統合により実現。 ・スマホのアプリにより読み取り可能。
通信ネットワーク系技術	携帯モバイル網 Cellular Communications	・UAS または GCS がモバイルネットワークを経由して位置情報を報告。警察などは、問い合わせ、あるいはプッシュベースで情報取得。一般市民もアクセス可能。 ・今後整備が進む C-V2X（Cellular Vehicle to Everything）技術により、LTE 網を通さずに UAS 間や UAS と ID 情報受信機との直接通信も可能。
	衛星通信 Satellite Based Communication	・UAS または GCS が衛星網経由で位置情報を報告。警察などだけでなく、一般市民もアクセス可能。 ・衛星網とモバイルネットワークなどと組み合わせも可能。
	ソフトウェアベース Software based flight notification with telemetry	・FAA の LAANC（Low Altitude Authorization and Notification Capability）システムを活用。 ・GCS（Grand Control System）機器（タブレットやパソコンなど）により、UAS 飛行前に運行者が飛行経路の許可を申告し（あるいは宣言し）、飛行中はリアルタイムに近い頻度で FAA サーバーに位置情報をアップデートする。

（出典：FAA〈連邦航空局〉の報告書をもとにアエリアル・イノベーションが作成）

商業ドローンのエコシステム (P074)

＜ビジネス・モデル＞

ドローン配送、サーチ・アンド・レスキュー、リモート・センシング、ドローン測量、その他

↕ 既存業務システム

＜エレメント＞

安全運用とガバナンス、各種セキュリティー、マルチ・ドローン・ユース、ドローン・ネットワーク、運用設備オートメーション、アプリケーション・マーケット、その他

＜ソフトウェア＞

ドローン OS、フライト・プランナー、運行管理システム、クラウド・サービス、データ分析アプリケーション、その他管理ソフトウェア

＜ハードウェア＞

機体（フライト・コントローラ、コンパニオン PC）、地上操縦施設（グランド・コントロール・ステーション）、通信回線、遠隔操作装置（リモート・ステーション）、クラウド・データ・センター、管理ダッシュ・ボード

↕ ドローン・エコシステム

↕ フルラインアップ

（出典：アエリアル・イノベーション）

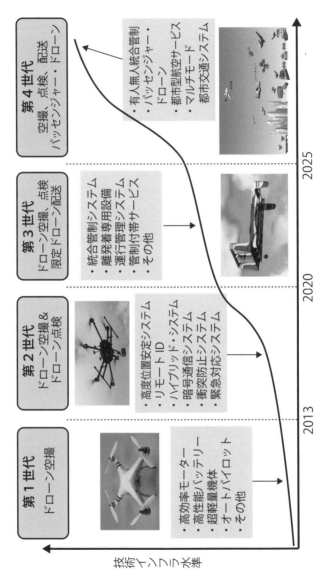

巻末－拡大資料（7）

アマゾンの航空管制運用案 (P103)

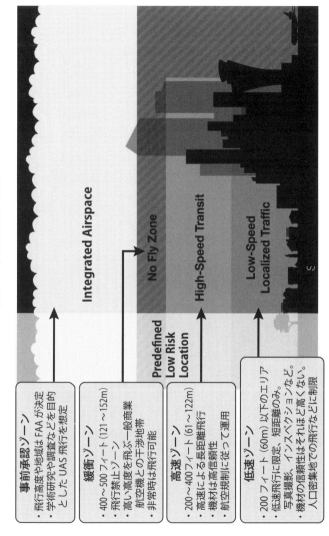

事前承認ゾーン
・飛行高度や地域はFAAが決定
・学術研究や調査などを目的としたUAS飛行を想定

緩衝ゾーン
・400～500フィート(121～152m)
・飛行禁止ゾーン
・高い高度を飛ぶ一般商業航空機との干渉地帯
・非常時は飛行可能

高速ゾーン
・200～400フィート(61～122m)
・高速による長距離飛行
・機材は高信頼性
・航空規制に従って運用

低速ゾーン
・200フィート(60m)以下のエリア
・低速飛行に限定。短距離のみ。写真撮影、インスペクションなど。
・機材の信頼性はそれほど高くない
・人口密集地での飛行などに制限

(出典: Amazon, アエリアル・イノベーション)

巻末-拡大資料 (8)

政府主導の厳しい空域管理モデル (P106)

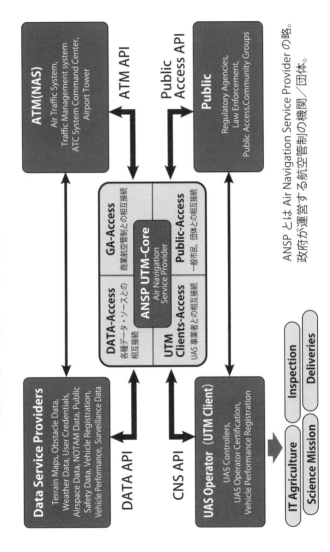

(出典：アエリアル・イノベーション)

民間主導の自由な空域管理モデル (P107)

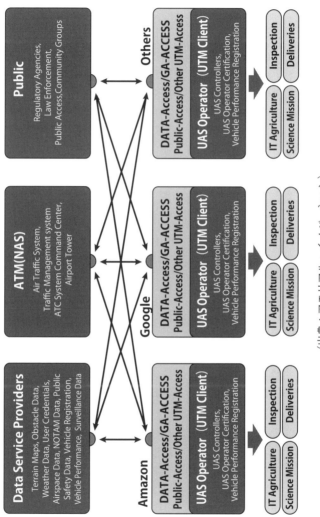

(出典:アエリアル・イノベーション)

巻末-拡大資料 (10)

小型商業ドローンにおける衝突回避技術 (P109)

離着陸時衝突回避	着陸時に電線や電柱、木の枝、プールなどの水面、番犬や子供などを見分けて安全な着陸地点を探す技術	おもに高精細カメラやレーザー・レーダとコンピュータ・ビジョンの組み合わせ
短距離衝突回避	飛行中にビルや樹木などを認識して衝突を回避する技術。これにはドローンを襲う鷹や鷲などの猛禽類に対する回避技術も含む	
長距離衝突回避	数キロ先を飛ぶヘリコプターや航空機を識別し、早期に経路変更をおこなって回避する技術。有人機は高速で飛行するため、数キロ口前から感知できなければ安全な回避活動はできない	おもに電波レーダー
有人機側衝突回避	規制上、飛行経路においては有人機が優先権を持ち、商業ドローンは回避義務を負う。しかし、実際上は事故を防ぐために有人機側も回避活動をしなければならない。そこで商業ドローンの進行方向や高さ、速度などの情報をまわりの有人機に知らせる無線信号を出す技術が必要	ADS-Bなどの空中衝突防止用無線システム

(出典：アエリアル・イノベーション)

巻末一拡大資料（11）

既存の物流網とドローン配送のエネルギー比較 (P112, 113)

<既存物流>

UPS:
307 W/hour for 1 pakage delivery

UPS:
3693 W/hour for 1 pakage delivery

<ドローン配送>

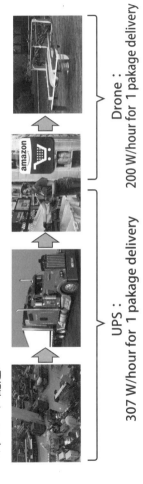

UPS:
307 W/hour for 1 pakage delivery

Drone:
200 W/hour for 1 pakage delivery

(出典:UPS、Amazon、ChainLink Research、アエリアル・イノベーション)

巻末-拡大資料(12)

BNSF社の鉄道路線網 (P147)

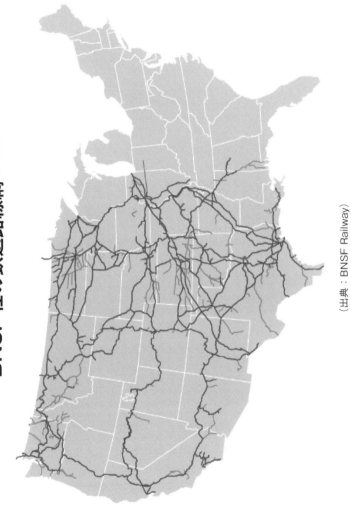

(出典：BNSF Railway)

BNSF社のレール点検イメージ (P148)

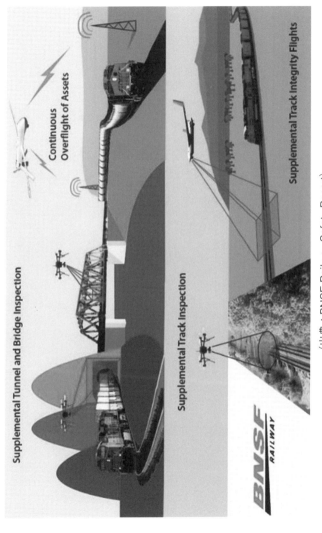

(出典：BNSF Railway Safety Report)

グリフォンセンサーズ社の移動式カウンター・ドローン (P168)

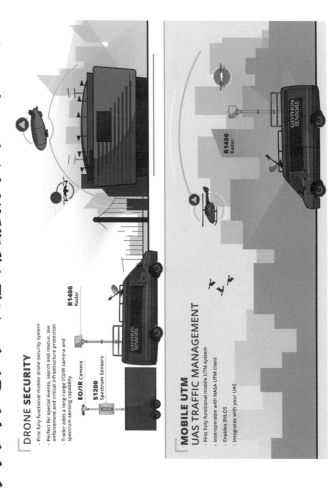

2017年5月発表した移動式のカウンター・ドローンのモバイル・スカイライト （出典：グリフォンセンサーズ）

オレゴン大学が研究する大規模スワーム・ドローン (P175)

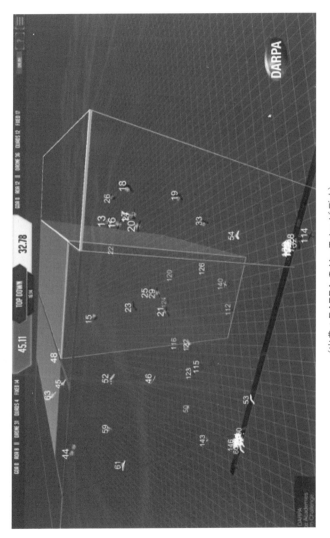

(出典：DARPA の YouTube ビデオ)

巻末－拡大資料（16）

NASA ODM プロジェクトで洗い出された、パッセンジャー・ドローンの可能性 (P187)

推進効率	モーターは、エネルギーから推力への変換効率が22%から84%に上昇。
空力性能	揚抗比が11から18に改善。
排出	ライフサイクル排出ガス排出量が5分の1に減少。
騒音	騒音レベルが85dBから70dB以下に下がり、「実際のいらだちレベル」も下がった。
安全冗長性	マルチ・ローターは低速度でも信頼性があり、安定した制御技術により冗長性が向上。
乗り心地	翼面荷重が2〜3倍上昇した。
信頼性（定時運航性）	低メンテナンスで、高翼面荷重により突風や悪天候に強いため、出発遅延が減少。
運航コスト	エネルギー費用が全運航費用の45%から6%に減少。
操縦性の向上	デジタル推進により、自動飛行技術は自動車と同程度の操縦しやすさと安全性を実現
機体軽量化・品質向上	ロボットを使ったコンポジット素材製造、金属もプラスチックの付加製造（3Dプリント）技術が進歩。
低速度／高速度要件の統一	飛行状況に応じたティルト機構など、可動可能な機体構造の検討が進歩している。
層流特徴や着氷防止	ニュー・マテリアルやコーティング技術が進歩。
航空機搭載衝突回避や非GPS誘導	センサーや航空機間の空域管制技術が進歩。
悪天候回避	オンデマンドで、より高解像度の気象データや天気予報を得ることができる。
サービス値ごろ感	ウーバー社などがこのときに必要な移動手段を調達する「シェアード・モビリティ」の存在。

（出典：NASA ホームページ）

マルチモード都市交通システム（MMUM）と既存システム (P193)

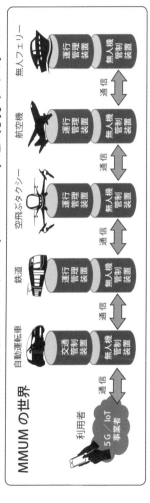

- 鉄道にせよ、車にせよ、従来の交通インフラ（左）は大量輸送をベースに発展し、自動化と最適化を進めてきた。そのためユーザーは、各交通機関のスケジュール（時刻表）に合わせて最適な移動方法を考えなければならない。また、交通機関それぞれに予約や支払いを処理をしなければならない。

- 一方、自動運転車やパッセンジャー・ドローンなどの少量個別輸送をベースにした交通機関が自動運転になると、ユーザーに合わせて交通機関側がスケジュールを組むことができるようになる。

- ユーザーは目的地をモバイルアプリに示すだけで、MMUM側が最適な経路と料金を算出し、手配をおこなう。また、料金の支払いや日程の変更もひとつのインタフェースで可能になる。

- ユーザーが移動中にも各交通機関の管制装置が常にモニターし、遅延や事故に遭遇すると、ユーザーに代わって最適な移動方法を計算し、再手配をおこなう。

（出典：筆者作成）

世界のドローン関連企業・団体一覧

カテゴリ		会社名	国
Unmanned Platform (Vehicle) Manufacturers	Agriculture	AgEagle	アメリカ
		AggieAir	アメリカ
		AgroFly	スイス
		American Robotics	アメリカ
		Event 38 Unmanned Systems	アメリカ
		HoneyComb	アメリカ
		Sentera	アメリカ
		Shandong Joyance Intelligence Technology	中国
		Yamaha Motor	日本
		Yield Defender Drones	アメリカ
	Delivery Systems	Airborne Drones	南アフリカ
		ARDN	ロシア
		Avidrone	カナダ
		Bell Helicopter	アメリカ
		Cambridge Consultants	イギリス
		Dronamics	ブルガリア
		Drone Delivery Canada	カナダ
		Elroy Air	アメリカ
		Griff Aviation	ノルウェー
		Matternet	アメリカ
		Natilus	アメリカ
		Saitotec	日本
		Skycart	アメリカ
		Uvionix	アメリカ
		Vayu	アメリカ
		Workhorse	アメリカ
	Safety & Security	Aeraccess	フランス
		Aeronautics	イスラエル
		Aeryon Labs	カナダ
		Alcore Technologies	フランス
		Arcturus UAV	アメリカ
		BlueBird Aero Systems	イスラエル
		Desert Wolf	南アフリカ
		Drone Aviation	アメリカ
		ECA Group	フランス
		Eli	エストニア
		EMT	ドイツ
		General Atomics	アメリカ
		Globe UAV	ドイツ
		Guided Systems Technologies	アメリカ
		IAI	イスラエル
		ideaForge	インド
		Insitu	アメリカ
		Laflamme Ingenierie	カナダ
		Martin UAV	アメリカ
		Raytheon	アメリカ
		Schiebel	オーストリア
		Silent Falcon UAS Technologies	アメリカ
		Sky Sapience	イスラエル
		Tekever	ポルトガル

カテゴリ		会社名	国
Unmanned Platform (Vehicle) Manufacturers	Safety & Security	Threod Systems	エストニア
		UKR Spec Systems	ウクライナ
		UMS Skeldar	スイス
	Fixed-Wing	Abris DG	ウクライナ
		Aeraccess	フランス
		Aeromao	カナダ
		Aeromapper	フランス
		Aeroterrascan	インドネシア
		AggieAir	アメリカ
		Altavian	アメリカ
		Bormatec	ドイツ
		BrockTek	アメリカ
		Bye Aerospace	アメリカ
		C-Astral Aerospace	スロベニア
		Delair	フランス
		Draganfly	カナダ
		Facebook	アメリカ
		FlyH2	南アフリカ
		IDETEC Unmanned Systems	チリ
		Integrated Dynamics	パキスタン
		Intuitive Machines	アメリカ
		jDrones	タイ
		LEHMANN AVIATION	フランス
		Luminati Aerospace	アメリカ
		MarcusUAV	アメリカ
		Marques Aviation	イギリス
		MAVinci (Intel)	ドイツ
		Primoco UAV	チェコ共和国
		QuestUAV	イギリス
		Robota	アメリカ
		Saxon Remote Systems	アメリカ
		senseFly	スイス
		Shenzhen Joyton Innovation Technology	中国
		Singular Aircraft	イギリス
		SmartPlanes	スウェーデン
		Sunbirds	フランス
		Sunlight Photonics	アメリカ
		Swift Radioplanes (SRP)	アメリカ
		UASUSA	アメリカ
		UAV Factory	アメリカ
		UAVE	イギリス
		Uaver	台湾
		UAVision	ポルトガル
		Vanilla Aircraft	アメリカ
	VTOL Fixed-Wing	Aerovel	アメリカ
		AeroVinci	オランダ
		Alti UAS	南アフリカ
		ATMOS UAV	オランダ
		BirdsEyeView Aerobotics	アメリカ
		Carbonix	オーストラリア
		Chengdu JOUAV Automation Tech	中国
		Colugo	イスラエル
		DBX Drones	スペイン
		Elroy Air	アメリカ
		Flight Wave	アメリカ
		germandrones	ドイツ

付録―世界のドローン関連企業・団体一覧

カテゴリ		会社名	国
Unmanned Platform (Vehicle) Manufacturers	VTOL Fixed-Wing	Heliceo	フランス
		Heurobotics	アメリカ
		Kapetair	デンマーク
		Krossblade Aerospace	アメリカ
		Quantum Systems	ドイツ
		RaptorUAS	イギリス
		SkyX Systems	カナダ
		Vertical Technologies	オランダ
		Wingcopter	ドイツ
		Wingtra	スイス
	Passenger Drones/ Air Mobility Vehicles	ACG Aviation	フランス
		AeroMobil	スロバキア
		Airbus A^3	アメリカ
		Airbus Helicopters	フランス
		AirSpaceX	アメリカ
		Aurora Flight Sciences (Boeing)	アメリカ
		Carplane	ドイツ
		Cartivator	日本
		Ehang	中国
		Empirical Systems Aerospace	アメリカ
		Eviation	アメリカ
		FuVeX	スペイン
		Hoversurf	ロシア
		Joby Aviation	アメリカ
		Kitty Hawk	アメリカ
		Lilium	ドイツ
		Malloy Aeronautics	イギリス
		Martin Aircraft	ニュージーランド
		Moller International	アメリカ
		PAL-V	オランダ
		PassengerDrone	アメリカ
		Ray Research	スイス
		Terrafugia (Zhejiang Geely)	中国
		Urban Aeronautics (UrbanAero)	イスラエル
		Vimana	アラブ首長国連邦
		Volocopter	ドイツ
		Workhorse	アメリカ
		XTI Aircraft	アメリカ
		Zee	アメリカ
	Recreational Drones	AirSelfie	イギリス
		Aerix Drones	アメリカ
		AirDog	アメリカ
		BonaDrone	スペイン
		DreamQii	カナダ
		Drona Aviation	インド
		Flyingwings	イギリス
		Guangdong Cheerson Hobby Technology	中国
		Hubsan	中国
		Ideafly	中国
		ImmersionRC	中国
		JJRC	中国
		Kiwi Bird Drones	アメリカ
		Lumenier	アメリカ
		Mikado Model Helicopters	ドイツ
		Mota Group	アメリカ
		North American Drones	アメリカ

カテゴリ		会社名	国
Unmanned Platform (Vehicle) Manufacturers	Recreational Drones	Parrot	フランス
		Quad H2O	アメリカ
		Ruix Technology	中国
		Shenzhen FLYPRO Aerospace Tech	中国
		SweepWings	アメリカ
		Syma	中国
		Teal Drones	アメリカ
		UVify	アメリカ
		Vantage Robotics	アメリカ
		XCRAFT	アメリカ
		Xiaomi	中国
		Zero Zero Robotics	中国
	Other Unmanned Platform Manufacturers	ACECORE TCHOLOGIES	オランダ
		ACSL	日本
		Action Drone USA	アメリカ
		AEE	アメリカ
		Aeraccess	フランス
		Aerial Imaging Services	ドイツ
		Aerial Lab Industries	日本
		Aerialtronics	オランダ
		Aerobo	アメリカ
		Aerobotica	オランダ
		Aerodreams	アルゼンチン
		Aerodyne	アメリカ
		Aerofoundry	ブラジル
		Aeronavics	ニュージーランド
		Aeroscout	スイス
		Aerotestra	アメリカ
		Aerotronic	アメリカ
		Aerovironment	アメリカ
		Aeryon Labs	カナダ
		AguaDrone	アメリカ
		Airborne Concept	フランス
		Airborne Robotics	オーストリア
		AIRK	スペイン
		Airnamics	スロベニア
		Airobotics	イスラエル
		Airrobot	ドイツ
		Alpha Unmanned Systems	スペイン
		Altus Intelligence	ニュージーランド
		Ampyx Power	オランダ
		AMS	南アフリカ
		Aptonomy	アメリカ
		AS Works	オランダ
		Ascending Technologies (Intel)	ドイツ
		Ascent AeroSystems	アメリカ
		Atlas Dynamics	ラトビア
		AUS	インド
		Autel Robotics	中国
		Avular	オランダ
		Birdpilot	ドイツ
		Bluejay	オランダ
		Challenger Aerospace	アメリカ
		Challis Heliplane UAV	カナダ
		Civic Drone	フランス
		Cleandrone	スペイン

付録―世界のドローン関連企業・団体一覧

カテゴリ		会社名	国
Unmanned Platform (Vehicle) Manufacturers	Other Unmanned Platform Manufacturers	CybAero	スウェーデン
		CyPhy Works	アメリカ
		Delta Drone	フランス
		DJI	中国
		Drobotron	アメリカ
		Drone America	アメリカ
		Drone Technology	ラトビア
		Drone Volt	フランス
		Dronhouse	ポーランド
		enRoute	日本
		Euphorix	ドイツ
		Exabotix	ドイツ
		Exyn Technologies	アメリカ
		Flyability	スイス
		Flydeo	チェコ共和国
		Fotokite	スイス
		Freefly Systems	アメリカ
		FusionFlight	アメリカ
		Garuda Robotics	シンガポール
		GDU	中国
		Gryphon Dynamics	韓国
		Helipse	フランス
		High Eye	オランダ
		Hoverfly Technologies	アメリカ
		Idea Machines	ポーランド
		Infinium Robotics	シンガポール
		Ing Robotic Aviation	カナダ
		Inova Drono	アメリカ
		Intuitive Aerial	スウェーデン
		Italdron	イタリア
		Johnette	インド
		Kespry	アメリカ
		Leptron	アメリカ
		MAVTech	イタリア
		Microdrones	ドイツ
		MikroKopter	ドイツ
		Mine Kafon	オランダ
		MMC	中国
		Multirotor	ドイツ
		Nightingale Security	アメリカ
		Nimbus	イタリア
		Novadem	フランス
		Novelty RPAS	ポーランド
		Nuaviation	アメリカ
		Olaeris	アメリカ
		OM UAV Systems	インド
		Origin Drones	中国
		PowerVision	中国
		Pro S3	イタリア
		PRODRONE	日本
		Pulse Aerospace	アメリカ
		Quaternium	スペイン
		Rapyuta Robotics	日本
		Robodrone	チェコ共和国
		Robot Aviation	ノルウェー
		Robotic Systems	オーストラリア

カテゴリ		会社名	国
Unmanned Platform (Vehicle) Manufacturers	Other Unmanned Platform Manufacturers	RotorKonzept	ドイツ
		SABRE Survey	イギリス
		Samhams Technologies	インド
		ScaraBot	ドイツ
		Scientific Aerospace	オーストラリア
		SelectTech	アメリカ
		Sensurion Aerospace	アメリカ
		Shenzhen JTT Technology	中国
		Sitebots	ドイツ
		Sky Eye Innovations	スウェーデン
		Skydio	アメリカ
		SkyDrones	ブラジル
		Skyfront	アメリカ
		SOAPdrones	オーストラリア
		Spherie	ドイツ
		Squadrone System	アメリカ
		SteadiDrone	南アフリカ
		Straight Up Imaging	アメリカ
		Swellpro	中国
		SwissDrones	スイス
		SYPAQ Sensors and Surveillance	オーストラリア
		Top Flight Technologies	アメリカ
		UAV America	アメリカ
		UAV Solutions	アメリカ
		Vision Aerial	アメリカ
		Voliro	スイス
		Walkera	中国
		XactSense	アメリカ
		Xaircraft	中国
		XDynamics	香港
		Yuneec	中国
		Zerotech	中国
		Ziyan UAV	中国
		卓翼智能	中国
Components& Systems	Launch & Recovery	Air-Vision-Air	カナダ
		Apellix	アメリカ
		Canadian Unmanned	カナダ
		Drone Rescue Systems	オーストリア
		Flying Eye	フランス
		Fruity Chutes	アメリカ
		Indemnis	アメリカ
		MARS Parachutes	アメリカ
		North UAV	アメリカ
		Opale Paramodels	フランス
		ParaZero	イスラエル
		Protect UAV	ドイツ
		Robonic	フィンランド
		Skycat	フィンランド
		VTIngenieria	スペイン
	Propulsion & Power	3W International	ドイツ
		Advanced Innovative Engineering	イギリス
		Alta Devices	アメリカ
		Ballard	カナダ
		CR Flight	アメリカ
		EnergyOr Technologies	カナダ
		GeneratorSmart	アメリカ

付録―世界のドローン関連企業・団体一覧

カテゴリ		会社名	国
Components& Systems	Propulsion & Power	HES Energy Systems	シンガポール
		Mohyi Labs	アメリカ
		Northwest UAV	アメリカ
		Schubeler	ドイツ
		Stratetek	アメリカ
		Sunnysky motors	中国
		T-Motor	中国
		UAV Turbines	アメリカ
		Vertical Partners West	アメリカ
		日本電産	日本
	Cameras & Vision Systems	Aegis Electronic Group	アメリカ
		Ambarella	アメリカ
		Controp	イスラエル
		FLIR Systems	アメリカ
		Headwall	アメリカ
		L3 Technologies	アメリカ
		LiDAR USA	アメリカ
		MAPIR CAMERA	アメリカ
		MicaSense	アメリカ
		NextVision	アメリカ
		Optris	ドイツ
		Panoptes	アメリカ
		Phase One Industrial	デンマーク
		Phoenix LiDAR Systems	アメリカ
		Riegl	オーストリア
		Safran	フランス
		Scanse	アメリカ
		Sensilize	イスラエル
		Slantrange	アメリカ
		Tetracam	アメリカ
		Tonbo Imaging	インド
		Velodyne	アメリカ
		Vertigo FPV	ポーランド
		VIOOA	カナダ
		Workswell	チェコ共和国
		YellowScan	フランス
	Navigation & Guidance Systems	AdaPilot	世界各国
		Aerotenna	アメリカ
		Apium Swarm Robotics	アメリカ
		AvioniCS Control Systems	オランダ
		ElpaNav	オランダ
		Embention	スペイン
		EXO Technologies	アメリカ
		Flatearth	アメリカ
		Inertial Sense	アメリカ
		IR-Lock	アメリカ
		LeddarTech	カナダ
		LightWare Optoelectronics	南アフリカ
		Near Earth Autonomy	アメリカ
		NovAtel	カナダ
		Oxford Technical Solutions	イギリス
		PX4	アメリカ
		Sagetech	アメリカ
		SBG Systems	フランス
		Sky-Drones	ロシア
		Swift Navigation	アメリカ

カテゴリ		会社名	国
Components& Systems	Navigation & Guidance Systems	Trig Avionics	イギリス
		uAvionix	アメリカ
		u-blox	スイス
	Ground Control Systems & Equipment	Fly Sky	中国
		FrSKY	中国
		Futaba	日本
		Graupner	ドイツ
		HiTEC Multiplex	アメリカ
		JETI Model	チェコ共和国
		RadioLink	中国
		Sanwa Denshi	日本
		Shenzhen WFLY Technology Development	中国
		Spektrum	アメリカ
	Data & Communica tions	Agilis	シンガポール
		AheadX	中国
		AIR Avionics	ドイツ
		Airborne Innovations	アメリカ
		Amimon	アメリカ
		AValon RF	アメリカ
		Paralinx	アメリカ
		RCAT Systems	アメリカ
		SatixFy	イスラエル
		SkyHopper Pro	アメリカ
		Teledesign Systems	アメリカ
		UAV Components	デンマーク
	Other Components & Systems	Agile Sensor Technologies	カナダ
		AIRobot	ベルギー
		Cloud Cap Technology	アメリカ
		Cobham	イギリス
		Drone Terminus	アメリカ
		Dronesmith Technologies	アメリカ
		Eagle Tree Systems	アメリカ
		Earth Networks	アメリカ
		Echodyne	アメリカ
		Electro Plate Circuitry	アメリカ
		Elistair	フランス
		FOITEC	ブラジル
		Fortem Technologies	アメリカ
		GEM Systems	カナダ
		Gremsy	ベトナム
		Harris	アメリカ
		Ice-City	中国
		Intrinsyc Technologies	カナダ
		INVENOX	ドイツ
		Klau Geomatics	オーストラリア
		MEMSIC	アメリカ
		MicroPilot	カナダ
		PolarPro	アメリカ
		Sensonor	ノルウェー
		Shot Over	ニュージーランド
		SightLine	アメリカ
		Silvus Technologies	アメリカ
		Terabee	フランス
		ThermalCapture	ドイツ
		UAS Europe	スウェーデン
		UAV Navigation	スペイン

付録―世界のドローン関連企業・団体一覧

カテゴリ		会社名	国
Components& Systems	Other Components & Systems	UAVOS	アメリカ
		VECTORNAV	アメリカ
		Volz Servos	ドイツ
		Wecontrol	スイス
		WiBotic	アメリカ
		X-ES	アメリカ
Services	Maintenance	Drone Doctor	イギリス
		Fortress UAV	アメリカ
		Robotic Skies	アメリカ
	System Integration, Engineering, and Advisory	3 Axis-UAS	イギリス
		Advanced Assembly	アメリカ
		Aerial Innovation	アメリカ
		Aeromana	アメリカ
		Aerotas	アメリカ
		Airogisitic	アメリカ
		Ambush Consulting	アメリカ
		Area I	アメリカ
		Beyond the Drone	アメリカ
		Black Swift Technologies	アメリカ
		Consortiq	イギリス／アメリカ
		Drone IP Lab	日本
		DroneOps	イギリス
		DRONExpert Netherlands	オランダ
		ERIS Services	イギリス
		esc Aerospace	ドイツ／チェコ共和国
		FLAIRICS	ドイツ
		FlyPulse	スウェーデン
		iROBOTICS	日本
		LikeAbird	スペイン
		Neva Aerospace	イギリス
		Scion Aviation	アメリカ
		SPH Engineering	ラトビア
		The Drone Valley	スペイン
		Traverse Legal	アメリカ
		Zylter	アメリカ
	Education, Simulation, Training	The Aerodrome	アメリカ
		Argus International	アメリカ
		AviSight Drone Academy	アメリカ
		DARTdrones	アメリカ
		Drone U	アメリカ
		DRONE VOLT	フランス
		droneSim Pro	アメリカ
		Fly Robotics	アメリカ
		KoptR Image	カナダ
		MzeroA	アメリカ
		PCS Edventures	アメリカ
		RUAS	イギリス
		RUSTA	イギリス
		She Flies	オーストラリア
		Simlat	イスラエル
		SkyOp	アメリカ
		SkySkopes Academy	アメリカ
		Techni Drone	フランス
		UAV Academy	イギリス
		UAV Industries	南アフリカ
		UAVAIR	オーストラリア

カテゴリ		会社名	国
Services	Education	UAVAir	イギリス
		Unmanned Safety Institute	アメリカ
	Drone Show Providers	Arrowonics	カナダ
		Ars Electronica	オーストリア
		Dronisos	フランス
		Intel	アメリカ
		Pixiel Group	フランス
		Rhizomatiks	日本
		Sky Magic	シンガポール
		Verity Studios	スイス
	Logistics Services	Alibaba Group	中国
		Alphabet	アメリカ
		Amazon	アメリカ
		Cleveron	エストニア
		Connect Robotics	ポルトガル
		DHL	ドイツ
		doks. innovation	ドイツ
		DroneScan	南アフリカ
		Flirtey	アメリカ
		Flytrex	イスラエル
		GoPato	コロンビア
		IRIS Drone Technologies	イギリス
		KamomeAir	日本
		Zipline	アメリカ
		ZTO Express	中国
		楽天	日本
		京東商城（JD.com）	中国
		順豊エクスプレス	中国
	Suppliers & Retailers	AddictiveRC	アメリカ
		AMBAR Group	イスラエル
		Blue Skies Drone Rental	アメリカ
		Direct Industry	フランス
		Drone Systems	アメリカ
		Dronefly	アメリカ
		Droneparts.de	ドイツ
		Drones Etc.	アメリカ
		Drones Made Easy	アメリカ
		Drones Plus	アメリカ
		DSLR Pros	アメリカ
		Eco Drones Aerial Solutions	ブラジル
		FlyingAG.com	アメリカ
		Foxtech	中国
		Globe Flight	ドイツ
		Helipad	香港
		Hobbico	アメリカ
		Hobby King	香港
		Hovership	アメリカ
		IntelligentUAS	アメリカ
		Kopterworx	スロベニア
		Madlab Industries	アメリカ
		Multicopter Warehouse	アメリカ
		Multirotorcraft	イギリス
		Onedrone	スロベニア
		Quadrocopter	アメリカ
		Range Video	アメリカ
		Remote Vision	スイス

付録―世界のドローン関連企業・団体一覧

カテゴリ		会社名	国
Services	Suppliers & Retailers	Rise Above Custom Drone Solutions	オーストラリア
		Space City Drones	アメリカ
		The Drone Shop	シンガポール
		Thunder Power RC	アメリカ
		UAV Direct	アメリカ
		UAV Monkey	イギリス
		UAV Propulsion Tech	アメリカ
		UCanDrone.com	ギリシャ
		Urban Drones	アメリカ
	Insurance	Allianz	ドイツ
		Brown & Brown Northwest Insurance	アメリカ
		Connect Insurance Brokers	イギリス
		Cover Drone	イギリス
		Drone Insurance	オランダ
		Flock Cover	イギリス
		Global Aerospace	イギリス
		Insure 4 drones	イギリス
		Insure My Drone	アメリカ
		Poms & Associates	アメリカ
		UAV Protect	イギリス
		Unmanned Risk Management	アメリカ
		Verifly	アメリカ
	Test Sites	Alaska Center for UAS Integration	アメリカ
		ASSURE	アメリカ
		ATLAS	スペイン
		Barcelona Drone Center	スペイン
		Lone Star UAS Center of Excellence & Innovation	アメリカ
		Mid-Atlantic Aviation Partnership	アメリカ
		Nevada Institute for Autonomous Systems	アメリカ
		New Mexico State University UAS Test Site	アメリカ
		Northern Plains UAS Test Site	アメリカ
		NUAIR Alliance	アメリカ
		SOAR Oregon	アメリカ
		SPACE53	オランダ
		UAS Denmark	デンマーク
		University of Maryland	アメリカ
	Marketplaces	Airstoc	イギリス
		Airvid (PrecisionHawk)	カナダ
		AirVuz	アメリカ
		ArcadiaSky	オーストラリア
		Bookadrone	イギリス
		DroneBase	アメリカ
		DroneFax	アメリカ
		Dronesforhire	オーストラリア
		DroneShare	イタリア
		FairFleet	ドイツ
		HireUAVpro	アメリカ
		Rise Above	オーストラリア
		Up Sonder	アメリカ
	Market Research	Aerial Innovation	アメリカ
		Drone Industry Insights	ドイツ
		Skylogic Research	アメリカ
	Other Services	ADTS Group	スペイン
		Aerial Applications	アメリカ
		Aerial Innovation	アメリカ
		Aerobo	アメリカ

カテゴリ		会社名	国
Services	Other Services	Aerodyne	オーストラリア
		Aeromedia	スペイン
		Aibono	インド
		Airinov	フランス
		Airteam	ドイツ
		American Aerospace	アメリカ
		Australian UAV	オーストラリア
		Avitas Systems	アメリカ
		AVSAN	チリ
		Azur Drones	フランス
		Betterview	アメリカ
		Cape	アメリカ
		CAT UAV	スペイン
		CH Fenstermaker	アメリカ
		Clue	日本
		Cooper Copter	ドイツ
		Cyberhawk Innovations	イギリス
		Deveron UAS Corporation	カナダ
		Donecle	フランス
		DroneSeed	アメリカ
		DroneView Technologies	アメリカ
		Empire Unmanned	アメリカ
		Flymotion Unmanned Systems	アメリカ
		Global UAV Technologies	コロンビア
		Hawk Aerial	アメリカ
		HAZON Solutions	アメリカ
		HELImetrex	オーストラリア
		HEMAV	スペイン
		Hoverscape	オーストラリア
		Iconem	フランス
		Identified Technologies	アメリカ
		Industrial SkyWorks	アメリカ
		Loveland Innovations	アメリカ
		Lufthansa Aerial Services	ドイツ
		Measure	アメリカ
		Multivista Systems	アメリカ
		Novarum Sky	ブラジル
		Rocketmine	ガーナ／南アフリカ
		RUAS	イギリス
		Sharper Shape	アメリカ
		SiteAware	イスラエル
		Skeye	オランダ
		Sky-Futures	イギリス
		SkySkopes	アメリカ
		SkySpecs	アメリカ
		Swarm UAV	オーストラリア
		T&A Survey Group	オランダ
		Terra Drone	日本
		Texo Drone Survey & Inspection	イギリス
		The Drone Wizards	イギリス
		The Sky Guys	カナダ
		ULC Robotics	アメリカ
		Uplift Data Partners	アメリカ
		WANAKA	フランス
		XM2 Aerial	オーストラリア
Counter-UAS	Kinetic Solutions	MBDA	欧州各国

付録—世界のドローン関連企業・団体一覧

カテゴリ		会社名	国
Counter-UAS Solutions	Kinetic Solutions	OpenWorks Engineering	イギリス
		Theiss UAV Solutions	アメリカ
	Non-kinetic Solutions	Airbus	フランス
		ApolloShield	アメリカ
		ARTsys360	イスラエル
		Battelle	アメリカ
		Blighter Surveillance Systems	イギリス
		Dedrone	アメリカ
		Department 13	アメリカ
		DeTect	アメリカ
		Digital Global Systems	アメリカ
		Drone Defense Systems	アメリカ
		Drone Detector	アメリカ
		DroneShield	オーストラリア
		ELTA North America	アメリカ
		ESG Elektroniksystem	ドイツ
		GPS Dome	イスラエル
		Gryphon Sensors	アメリカ
		Liteye Systems	アメリカ
		My Defence	デンマーク
		Radio Hill Technologies	アメリカ
		Repulse	イギリス
		Sensofusion	フィンランド
		SkyDroner	シンガポール
		SKYSafe	アメリカ
		Telespazio	イタリア
Software	Flight Planning	Botlink	アメリカ
		DreamHammer	アメリカ
		Drone Harmony	スイス
		DroneCloud	日本
		eCalc	スイス
		Flynex	ドイツ
		Flyte	アイルランド
		Free Skies	アメリカ
		Hivemapper	アメリカ
		Hover	アメリカ
		IDRONECT	ベルギー
		NVDrones	アメリカ
		Percepto	イスラエル
		Prenav	アメリカ
		SKYX	イスラエル
		UgCS	ラトビア
		vHive	イスラエル
		Vigilant Aerospace	アメリカ
		VirtualAirBoss	アメリカ
	UTM	Airmap	アメリカ
		Alphabet	アメリカ
		Altitude Angel	イギリス
		ANRA Technologies	アメリカ
		Copter View	ドイツ
		DroneRadar	ポーランド
		GE	アメリカ
		NTT Data	日本
		OneSky	アメリカ
		PrecisionHawk	アメリカ
		Simulyze	アメリカ

カテゴリ		会社名	国
Software	UTM	Skyward (Verizon)	アメリカ
		Unifly	ベルギー
	Fleet & Operation Management	Airnest	アメリカ
		Airware	アメリカ
		ANRA Technologies	アメリカ
		Drone Complier	オーストラリア
		DroneLogbook	スイス
		Kittyhawk	アメリカ
		Skyward (Verizon)	アメリカ
	Computer Vision & Navigation	Aegis Technologies	アメリカ
		AirFusion	アメリカ
		AutoModality	アメリカ
		Birds.ai	オランダ
		CrowdAI	アメリカ
		DataFromSky	チェコ共和国
		Iris Automation	アメリカ
		MotionDSP	アメリカ
		Sightec	イスラエル
	Data Processing, Workflow & Analytics	3D Robotics	アメリカ
		4D Mapper	オーストラリア
		Acute3D	フランス
		AG Pixel	アメリカ
		AGERpoint	アメリカ
		Agremo	セルビア共和国
		Agribotix	アメリカ
		Airbus Aerial	アメリカ
		AirGon	アメリカ
		Airphrame	アメリカ
		Airware	アメリカ
		ANRA Technologies	アメリカ
		Bentley	アメリカ
		Brash Tech	アメリカ
		Cardinal Systems	アメリカ
		Datumate	イスラエル
		Delair	フランス
		Drone Mapper	アメリカ
		DroneDeploy	アメリカ
		Dronifi	アメリカ
		Eagle Eye Intelligence	アメリカ
		ESRI	アメリカ
		EZ3D	アメリカ
		IDAN Computers	イスラエル
		Intel	アメリカ
		IntelinAir	アメリカ
		Kespry	アメリカ
		Leica Geosystems	スイス
		MapBox	アメリカ
		Menci Software	イタリア
		Mosaic Mill	フィンランド
		Optelos	アメリカ
		Orbit GT	ベルギー
		Pix Processing	イギリス
		Pix4D	スイス
		PrecisionHawk	アメリカ
		Prenav	アメリカ
		Propeller	オーストラリア

付録―世界のドローン関連企業・団体一覧

カテゴリ		会社名	国
Software	Data Processing, Workflow & Analytics	Scanifly	アメリカ
		Scopito	デンマーク
		SimActive	カナダ
		Skycatch	アメリカ
		Skycision	アメリカ
		SURVAE	アメリカ
		TerrAvion	アメリカ
	SDKs	Ardupilot	アメリカ
		DroneKit	アメリカ
		Flytebase	アメリカ
Ecosystem Support	Business Accelerators	500 Startups	アメリカ
		Airbus BizLab	フランス
		Drone Fund	日本
		Genius NY	アメリカ
		Hardware.co	ドイツ
		HAX	中国
		Reimagine Drone	香港
		Starburst	アメリカ
		Techstars	アメリカ
		Y Combinator	アメリカ
	Media, News, Blogs & Magazines	Aero News Network	アメリカ
		AIN Online	アメリカ
		Antonelli Law Blog	アメリカ
		Drone Blog	アメリカ
		Drone Girl	アメリカ
		Drone Insider	イギリス
		Drone Life	アメリカ
		Drone Media	日本
		Drone Next	日本
		DRONE.jp	日本
		Dronethusiast	アメリカ
		DroneTimes	日本
		Inside Unmanned Systems	アメリカ
		Police Aviation News	イギリス
		Quadricottero News	イタリア
		Robotics Tomorrow	アメリカ
		Small UAV Coalition	アメリカ
		That Drone Show	アメリカ
		The Drones Mag	アメリカ
		The Vertical Flight Technical Society	日本
		To Drone	スペイン
		UAS Magazine	アメリカ
		Unmanned Aerial Online	アメリカ
		Unmanned Airspace	イギリス
		WeTalkUAV	アメリカ
		Women and Drones	アメリカ
	Coalitions, Organizations & Initiatives	ACUO	オーストラリア
		AERPAS	スペイン
		Air Shepherd	アメリカ
		AMA	アメリカ
		ARA	アメリカ
		ARPAS-UK	イギリス
		ASSURE UAS	アメリカ
		AUVSI	アメリカ
		BFPVRA	イギリス
		BVCP	ドイツ

カテゴリ		会社名	国
Ecosystem Support	Coalitions, Organizations & Initiatives	Commercial Drone Alliance	アメリカ
		ConservationDrones.org	アメリカ
		CUAS Coalition	アメリカ
		DPA	日本
		Drone Alliance Europe	欧州各国
		Drone Manufacturers Alliance	アメリカ
		Dronecode	アメリカ
		FPV UK	イギリス
		Global UTM Association	スイス
		IDRA	アメリカ
		JARUS	世界各国
		JUIDA	日本
		Know Before You Fly	アメリカ
		MAPPS	アメリカ
		NASA	アメリカ
		NUAIR Alliance	アメリカ
		Property Drone Consortium	アメリカ
		Royal Aeronautical Society	イギリス
		RTCA	アメリカ
		SESAR	ベルギー
		SMALL UAV COALITION	アメリカ
		SUAS	イギリス
		The Drone Valley International	スペイン
		UAS America Fund	アメリカ
		UAS Norway	ノルウェー
		UAV DACH	ドイツ
		UAV Systems Association	アメリカ
		USGS	アメリカ
		UVS International	フランス
		World Air Sports Federation	スイス
	Shows, Conferences, Events	AUVSI XPONENTIAL	アメリカ
		Big Drone Show	カナダ
		Commercial UAV Expo	アメリカ
		Drone Berlin	ドイツ
		Drone Days	ベルギー
		Drone East Africa	UAE
		Drone Expo	ギリシャ
		Drone IFF	ブルガリア
		Drone Show Korea	韓国
		Drone Show Latin America	ブラジル
		Drone Tech	ポーランド
		Energy Drone Coalition	アメリカ
		ICUAS	アメリカ
		Interaerial Solutions	ドイツ
		Interdrone	アメリカ
		International Drone Expo	日本
		Japan Drone Expo	日本
		PUCA	アメリカ
		The Unmanned Systems Expo	オランダ
		UAS Summit & Expo	アメリカ
		World of Drone Congress	オーストラリア

ご希望の方は、本データ（各社 URL 付き）を下記サイトにて配布致します。
アエリアル・イノベーション　https://www.aerial-innovation.com/

付録—世界のドローン関連企業・団体一覧

■本書に関するご質問、お問い合わせ
info@aerial-innovation.com

■最新情報、配布資料などは下記ホームページまで
アエリアル・イノベーション（Aerial Innovation LLC）
https://www.aerial-innovation.com/

■国内外の情報を集めたドローン WEB マガジン
ドローンネクスト（運営：内外出版社）
http://drone-next.jp/

小池良次（こいけりょうじ）

京都外国語大学卒業後、ブラジルのサンパウロ新聞社に入社。その後、民間調査会社を経て、1993年、米国で情報通信分野を専門とするフリーランスのリサーチャー／ジャーナリストとして活動を開始。97年、情報通信分野のコンサルティング会社を設立、代表に就任。2016年、商業無人飛行システム分野を専門とするコンサルティング会社Aerial Innovation LLCを設立、CEOに就任。現在に至る。
在米約28年、サンフランシスコ郊外在住。早稲田大学非常勤講師、早大IT戦略研究所客員研究員、国際大学グローコム・シニアーフェロー、情報通信総合研究所上席リサーチャーほか。著書に『電子小売店経営戦略』『第二世代B2B』『クラウド』『ネット時代の開発マネージメント』（以上、インプレス社）、『クラウドの未来』（講談社）などがある。

ドローンビジネスレポート
－U.S. DRONE BUSINESS REPORT－

発 行 日：2018年3月28日　第1刷
著　　者：小池　良次（Aerial Innovation LLC 共同創業者CEO）
調査協力：フレッド・ボーダ（Aerial Innovation LLC 共同創業者COO）
発 行 者：清田　名人
発 行 所：株式会社 内外出版社
　　　　　〒110-8578 東京都台東区東上野2-1-11
　　　　　電話 03-5830-0368（販売部）
印刷・製本：株式会社シナノ

© 2018 Aerial Innovation, LLC　printed in japan
ISBN 978-4-86257-369-8 C2034

本書を無断で複写複製（電子化を含む）することは、著作権法上の例外を除き、禁じられています。また本書を代行業者等の第三者に依頼してスキャンやデジタル化することは、たとえ個人や家庭内の利用であっても一切認められていません。
落丁・乱丁本は、送料小社負担にて、お取り替えいたします。